いちばんやさしい

WordPress
入門教室

佐々木 恵 ［著］

JN086788

ソーテック社

本書のサポートサイトについて

　本書で使用するテーマやサンプル画像素材、正誤表などを公開します。下記
URLよりアクセスしてください。

書籍サポートサイト
http://www.sotechsha.co.jp/sp/1265/

本書ご利用にあたっての注意事項

はじめに

　近年、ソースコードを書かずに Web サイトやアプリケーションを構築する「ノーコード開発」の流れが加速しています。

　ノーコード開発は、あらかじめ用意されたパーツを組み合わせることにより、短期間・低コストで構築できることが大きな魅力であり、プロの間でも注目を集めています。

　WordPress もまた、バージョン 5.0 からブロックエディターと呼ばれる機能が搭載され、ブロックを組み立てるように直感的にページを作成することが可能となり、ノーコード開発の流れにシフトしていることがうかがえます。

　もちろん、HTML や CSS などのコードを書けたほうが実現できることの幅は広がりますが、小規模な Web サイトであれば、既成のテーマ（テンプレート）とブロックエディターのみで十分に魅力的な Web サイトを作れるようになりました。

　しかし、WordPress がどんなに便利で簡単なツールであっても、基本的な使い方や特徴を知らなければ、途中でつまずいてしまい、思い描いたかたちにたどり着くまでに時間がかかるものです。

　そこで、本書では大切なポイントに重点を置き、具体的な Web サイトの作成例をもとに効率よく学習できるよう手順を工夫して解説しています。

　まずは一度、8 章まで順番どおりにサンプルサイトを作成して、WordPress の基本操作としくみを把握しましょう。

　そして、10 章では同じテーマを使ってどんなアレンジが可能なのかを知り、自分の Web サイト作りにチャレンジしてみてください。

　「今すぐ自分の会社の Web サイトを作りたい！」「知人のお店の Web サイトを作ってあげたい…」そんな方々の一助となれば幸いです。

2020 年 9 月

佐々木 恵

CONTENTS

Chapter 1

Webサイトを作る前に知っておきたいこと

Chapter 2

レンタルサーバーにWordPressを設置する

Chapter 3

WordPressの初期設定

Chapter 8

共通パーツを設定しよう

Chapter 9

Webサイト運用の知識を身につけよう

Chapter 10

本書付属テーマの応用例

Chapter 1

Webサイトを作る前に
知っておきたいこと

Webサイト作りの基本と、多くのWebサイトでWordPressが採用されている理由を知り、必要なものを準備しましょう。

どんなWebサイトが作れるようになるの？

本書の目的とゴール

「WordPressで作るWebサイト」と一口に言っても、個人のブログサイトからプロが作る大規模な企業サイトまで、幅広い用途や難易度があります。まずは、本書で作れるようになるWebサイトのイメージを共有します。

WordPressで自分のWebサイトを作りたいと思い、この本を手に取りましたが、Webサイトの知識や経験はありません…。こんなボクでもWebサイトを作れますか？

問題ありません！ 本書は、WordPressで誰でも簡単にWebサイトを作成できるように解説しています！ まずは本書の内容や目標について説明していきますね。

サンプルは小さな音楽教室のWebサイト

本書では、以下の手順でWordPressでのWebサイト作りを学んでいきます。

❶Webサイト作りの基本とWordPressの概要を知る [Chapter 1]
❷レンタルサーバーを用意してWordPressをインストールする [Chapter 2]
❸サンプルサイトを作りながらWordPressの基本と操作方法を身につける
　[Chapter 3〜Chapter 8]
❹完成後のWebサイト運用について必要な知識を身につける [Chapter 9]

❸では、あらかじめ本書のために用意したテーマ（テンプレート）を利用して、小さな音楽教室のWebサイト作りを説明していきます。手順に沿って、実際に手を動かしながらサンプルサイトを作ってみましょう。

難しい知識は必要ないため、はじめてWebサイトを作る人でも大丈夫。もちろん、スマートフォンにも最適化されています。

図1-1-1 完成サイト（PC表示）

図1-1-2 完成サイト（スマートフォン表示）

サンプルサイトのURL ▶ https://wp-book.net/sample/

ゴールは小さな企業やお店のWebサイトを作れるようになること

　サンプルサイトを作ることによって、小規模な企業、お店、教室、個人サロン、クリエイターなどのWebサイト作りにも応用できる知識が身につきます。

　「会社のWebサイトを作りたいけどプロに依頼する予算がない……」「自分のお店だから自由に作ってみたい！」「Web制作者ではないけれど、知人のためにWebサイトを作ってあげたい！」そんな人たちを対象としています。

Lesson 1-2 そもそもWebってなに？

Webのしくみを知ろう

私たちが普段Webブラウザを通して見ているWebサイト、その中身はいったいどのようなしくみになっているのでしょうか。予備知識として知っておきたい、Webの基礎について学びましょう。

本書で作成していくWordPressのWebサイトでは、難しい知識やプログラミングのことは知らなくても問題ありません。しかし、自分でWebサイトを作って運営するのであれば、Webの概略については知っておいたほうが良いでしょう。

以前からWebサイトの「Web」って何？という疑問を持っていたので、非常に助かります！

Webとは

Webページ上にあるリンクをクリックすると別のページに移動できることは知っていますよね。このリンクのことを正式には「**ハイパーリンク**」といい、ハイパーリンクが書かれた文書のことを「**ハイパーテキスト**」といいます。

このハイパーテキスト同士がハイパーリンクによって無数につながっているハイパーテキストシステム全体のことを「**Web**」といい、1つ1つのハイパーテキストのことを「Webページ」、ハイパーテキストのひとかたまりを「Webサイト」といいます。

図1-2-1 World Wide Webのイメージ

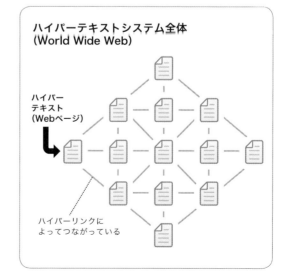

ハイパーテキストシステム全体
(World Wide Web)

ハイパーテキスト
(Webページ)

ハイパーリンクによってつながっている

Webは「World Wide Web」の略称であり、Webという単語は「くもの巣」という意味を持っています。つまり、「World Wide Web」は直訳すると「世界中に張り巡らされたくもの巣」。ハイパーテキストシステム全体をイメージすると、くもの巣のように見えることからWeb（くもの巣）と呼ばれています。

Webページの中身を知ろう

　Webページは主に**HTML（ハイパーテキスト・マークアップ・ランゲージ）**のルールに沿って記述された文書であり、見出しや本文などといった文書構造をコンピューターにも理解できるようタグ付けをしたり、文書中に画像を表示させるためのタグや、文書と文書をつなぐためのハイパーリンクが記述されています。

図1-2-2 HTML文書の例「1-2-2.html」

```
1   <!DOCTYPE html>
2   <html>
3   <head>
4   <meta charset="UTF-8">
5   <title>HTML 文書の例 </title>          ── 文書のタイトル
6   </head>
7   <body>
8   <header>
9   <h1> ソーテック社 </h1>              ── 大見出しであることを明示するタグで囲む
10  </header>
11  <main>
12  <section id="section01">
13  <h2> 会社案内 </h2>                  ── 中見出しであることを明示するタグで囲む
14  <img src="sample.jpg" width="600" height="400" alt=" 社屋の写
    真 ">                              ── 画像を表示させるタグ
15  <p> 当社は 1974 年 7 月に原理・原則を説くビジネス書籍の出版社として創立され
    ました。</p>                        ── 段落であることを明示するタグで囲む
16  <a href="http://www.sotechsha.co.jp/"> ソーテック社の Web サイト
    </a>                               ── ハイパーリンク
17  </section>
18  </main>
19  <footer>
20  <p>&copy; Sotechsha Co., Ltd.</p>
21  </footer>
22  </body>
23  </html>
```

　HTML文書は、そのままでは人間にとって非常にわかりにくいため、Webブラウザ（Google ChromeやSafari、Internet Explorerなど）によってページを描画させて閲覧します。

図1-2-3 1-2-2.htmlをWebブラウザで表示する

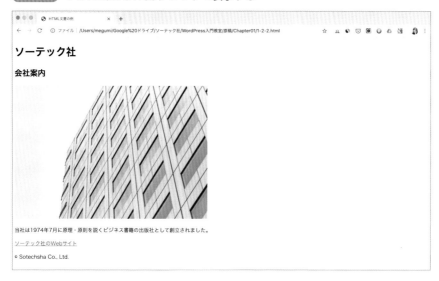

図1-2-3のようにHTMLだけでもWebページを作ることは可能ですが、なんとも殺風景な書類のようですよね。そこで欠かせないのがHTMLを修飾するための**CSS（カスケーディング・スタイル・シート）**です。詳しい説明は省きますが、CSSによって文字や背景に色を付けたりレイアウトを組むことで、よりわかりやすいWebページを表現することができます。

図1-2-4 CSSによって修飾されたHTML文書

また、閲覧者の操作に応じて動きをつけたり表示を制御するためのプログラムも、多くの
Webサイトで使われています。

このように、私たちが普段目にしているWebページは、HTML文書を中心にCSSやさま
ざまなプログラムを組み合わせて作られているのです。

HTML文書はWebサーバーにアップロードする

HTML文書とそれに関わるCSSや画像ファイルなどは、Webサーバーと呼ばれるインタ
ーネット上のコンピューターにアップロードし公開することで、世界中の誰もが閲覧できる
ようになります。

Webサーバーは、手軽に利用できるレンタルサーバーと契約するのが一般的です。レンタ
ルサーバーについてはLesson 2-1で説明します。

図1-2-5 Webページが表示されるしくみ

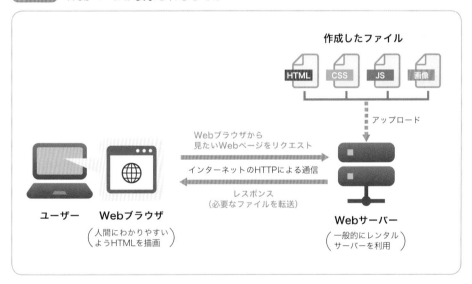

どうしてそんなに人気があるの？

WordPressが選ばれる理由

WordPressならHTMLやCSSなどの知識がなくてもWebサイトを作ることができます。WordPressの概要と特徴について説明します。

Webサイトを作成する上で、HTMLやCSSの知識が必要なのはわかりましたが、これらを自分でプログラミングしていくのはとても難しそうですね…。

安心してください！ WordPressではHTMLやCSSの知識がなくても、素敵なWebサイトを誰でも作成することができますよ。

WordPressはCMSシェアNo.1

Lesson 1-2で説明したように、1ページ毎にHTMLを作成してWebサーバーに手動でアップロードするWebサイトを「**静的サイト**」といいます。これに対し、ユーザーがアクセスするたびに自動でページが生成されるWebサイトを「**動的サイト**」といい、動的サイトは主に**CMS（コンテンツ管理システム）**を利用して作られています。

CMSとは、「コンテンツ（文章や画像などの内容）を入力するだけでWebページを生成できるシステムであり、静的サイトに比べてWebページの作成や修正などが非常に簡単に行えます。

CMSには数え切れないほどの種類がありますが、数あるCMSの中でもダントツのシェアを誇っているのが**WordPress**です。世界中のWebサイトのうち、38%以上がWordPressを使用して作られているのです（2020年9月現在。Web Technology Surveysによる）。

WordPressってどんなソフトウェア？

WordPressはPHPというサーバー上で動作するプログラミング言語で開発され、MySQLというデータベース管理システムを利用したソフトウェアです。

Webサーバーにインストールして使うため、アメブロなどのブログサービスのように Webブラウザ上の管理画面から記事を投稿したり、デザインや機能をカスタマイズすることが可能です。

作りたいWebサイトの構成やイメージが固まったら、それに合わせて設定と入力を行うだけでWebサイトが完成します。

どうしてそんなに人気があるの？

もともとはブログソフトウェアとして開発されていたWordPressですが、バージョンアップを重ねるごとにカスタマイズの柔軟性や汎用性を増し、現在では大手企業やメディアをはじめ、大学など一般的なWebサイトの制作にも数多く用いられています。

では、どうしてそんなに人気があるのか。WordPressの魅力について説明します。

誰でも無料で使える

オリジナルのCMSを開発依頼したり、有料のCMSを導入した場合は高額な費用がかかりますが、WordPressは **GPL（GNU General Public License）** というライセンスのもとで配布されているオープンソースのため、個人でも商用利用でも無料で使用することができます。ほかに特別なソフトウェアも必要ないため、初期コストを抑えられる点は大きな魅力です。

MEMO ///

WordPressは世界中のボランティア有志によって開発されているため、オリジナルは英語版でリリースされています。日本語版や日本語のドキュメントは、日本人の有志によって提供されています。

インストールが簡単

「WebサーバーにWordPressをインストールする」と聞くと、なんだか難しそうですよね。実際に、手動でインストールするには少々手間がかかります。しかし、多くのレンタルサーバーでは数クリックで簡単にWordPressをインストールできる機能が提供されているので、初心者でも安心です。インストールの手順についてはLesson 2-3で説明します。

ブロックエディターで高度なWebページ作成も簡単

HTMLやCSSなどの知識がなくてもWebサイトを作ることができるのはもちろん、WordPressにはブロックエディターと呼ばれる編集機能があり、ブロックを組み立てるようにコンテンツを作成することが可能です。

文字の装飾や画像の挿入だけでなく、思い通りのレイアウトを組んだり、動画を埋め込ん

だりすることも簡単に行えます。

図1-3-1 ブロックエディターでページを作成

図1-3-2 完成したWebページ

テーマが豊富

テーマとは、主にWebサイト全体のデザインを変更するためのシステムで、いわゆるテンプレートと同じようなものです。WordPressの公式ディレクトリに登録されているテーマだけでも7,400種類以上あり、すべて無料で使うことができます。

WordPressのテーマは単純に見た目やレイアウトを変更できるだけでなく、表示させる内容や機能も操ることが可能なため、使用するテーマによっては独自の機能を持っており、使い方もそれぞれ異なります。

MEMO //

完全にオリジナルなデザインや、独自の機能を持ったWebサイトを作りたい場合は、HTML・CSS・PHPなどの知識が必要となります。

プラグインが豊富

プラグインとは、WordPressの機能を拡張するためのツールです。WordPress本体は柔軟性を保つためシンプルに設計されているので、機能を追加したい場合はプラグインを利用します。公式プラグインディレクトリには、56,000種類以上のプラグインが公開されていて、問い合わせフォームやスライドショーなどを簡単に設置できるプラグインや、SNSとの連携、アクセス解析など、Webサイトの制作や運用に必要な機能はなんでも見つかると言っても過言ではありません。

ユーザー数が多いから情報量も多い

WordPressはユーザー数が多いため、Web上にはWordPressに関する情報が溢れています。なにか困ったことやトラブルが起きたときにも、解決方法を見つけやすいでしょう。

> **MEMO** //
> Web上にある情報はすべてが信頼できるとは限りません。特にWordPressは頻繁にアップデートがあり、古い情報は最新バージョンに適していないこともあるため注意が必要です。

SNSや無料ブログサービスとの違い

WordPressと同様に、簡単に情報発信できるSNSや無料ブログサービスとは何が違うのか比較してみましょう。

多くの外部サービスでは限られた機能や規約の範囲内で利用し、仕様変更や規約の改定があってもそれに従わなければなりません。最悪の場合はサービスそのものの停止も起こりえます。

その点、WordPressは自分で用意したサーバーにインストールして使用するため、とても自由です。また、外部サービスのみでの情報発信に比べて、独自のWebサイトがあったほうが信頼性の向上やブランディング効果も期待できるでしょう。

SNSや無料ブログサービスと比較してのメリット

- 独自ドメインが使える
- 好きな機能を追加できる
- 検索性が高い
- 商用利用やアフィリエイトが可能
- デザインをカスタマイズできる
- 情報が整理できる
- 余計な広告やリンクが表示されない
- データのバックアップを自分で管理できる

Webサイトを作る前の大切な準備

Webサイトの構成を考えよう

Webサイトを作り始める前に、あらかじめ必要なページのリストアップや構成を固めておきましょう。この作業によって、作成がスムーズに進められます。

先生のおかげでいろいろな知識が身に付きました！早速WordPressでWebサイトを作成していきましょう！

待ってください！ Webサイトを作成していくには、作成目的や掲載するトピックの構成を事前に考えておく必要があります。本節でWebサイトの内容を一緒に決めていきましょう！

Webサイトの目的を考える

　Webサイトを作るうえでもっとも重要なのがコンテンツ（内容）です。たとえ見栄えの良いデザインでも、ユーザーにとって有益な情報が少なければ、良いWebサイトとは言えません。

　Webサイトのコンテンツは作り手が発信したい情報だけでなく、**ユーザー目線で考える**ことが大切です。「誰」に何を伝えるためのWebサイトなのか目的を明確にしたうえで、その「誰」はどんな情報を必要としているのかを考えましょう。

　なかなか思い浮かばない場合は、同業他社のWebサイトを参考にするとよいでしょう。

必要なページと内容をリストアップする

　次に、具体的に必要なページと各ページの内容をリストアップします。

　本書のサンプルサイトでは以下の11ページを作成します。トップページの考え方については、Chapter 7で詳しく説明します。

① トップページ

② レッスン内容 (レッスン方針・料金表・各コースへのリンク)

③ ピアノレッスン (レッスンの紹介文)

④ フルートレッスン (レッスンの紹介文)

⑤ バイオリンレッスン (レッスンの紹介文)

⑥ 入会の流れ (無料体験からレッスン開始までの流れ)

⑦ 教室案内 (講師プロフィール・教室概要・教室内の写真ギャラリー)

⑧ お知らせ (お知らせの一覧)

⑨ よくあるご質問 (よくある質問と回答)

⑩ お問い合わせ (メールフォーム)

⑪ プライバシーポリシー (個人情報保護方針)

原稿を用意する

　各ページに掲載する文章や画像などの原稿も用意しておくと、よりスムーズに作成が進みます。

サンプル画像のダウンロード

　本書のサンプルサイトで使用する画像は、Lesson 3-6 でダウンロードの案内をします。

ダミーテキスト生成サービス

　仮のテキストで文章作成を進めたい場合には、ダミーテキストを生成してくれるサービスを使うと便利です。

・ダミーテキストジェネレータ

https://webtools.dounokouno.com/dummytext/

・すぐ使えるダミーテキスト

https://lipsum.sugutsukaeru.jp/

> **MEMO** ///
>
> 原稿を考えるのは大変な作業ですが、ほかのWebサイトに掲載されている文書や画像を無断で転載するのはNGです。引用として掲載する場合は、必ず引用元の情報を明記しましょう。

便利な素材サイトを活用しよう

イメージ写真やイラストを使いたい場合は、**無料の画像素材サイト**がおすすめです。ここでは商用無料のサイトを紹介しますが、利用規約については各サイトにて確認してください。

商用無料の画像素材サイト

ぱくたそ

風景や静物からユニークな人物写真まで、豊富な写真素材が揃っています。

https://www.pakutaso.com/

写真AC

風景、静物、イメージ、人物などバリエーション豊かな写真素材が揃っています。

https://www.photo-ac.com/

イラストAC

挿絵やアイコン、バナーに使えそうなバリエーション豊かなイラスト素材が揃っています。

https://www.ac-illust.com/

Subtle Patterns

背景画像として使いやすい、シンプルでおしゃれなパターン画像が揃っています。

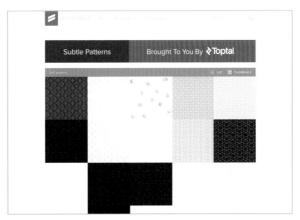

https://www.toptal.com/designers/subtlepatterns/

各素材サイトではいろいろな画像やアイコンが提供されているので、自分のWebサイトに合ったものを見つけることができます！

Chapter 2

レンタルサーバーに
WordPress を設置する

Webサイトを公開するためのレンタルサ
ーバー選びから、WordPress をインスト
ールする手順までを解説します。

Lesson 2-1

選び方のポイントを知ろう

レンタルサーバーを用意する

WordPressはWebサーバー上で動作するため、まずはレンタルサーバーを申し込みましょう。

「サーバー」という単語を聞いたことがあるというレベルの知識なので、それを自分で用意するのって何だか難しそうですね…。

全く問題ありません！ 本節ではそういった方のためにレンタルサーバーの違いや申し込み方法を1つ1つ解説しています。誰でも簡単にWordPress用のサーバーを用意することができますよ。

レンタルサーバー（共用サーバー）とは

レンタルサーバーは主にWebサイトを公開するために利用され、「**ホスティングサービス**」とも呼ばれています。その中でも、1台のサーバーを複数の利用者で共用するものを「**共用サーバー**」といい、安価で利用しやすい点から、個人や中小企業のWebサイトでよく使われています。はじめてWebサイトを公開する場合は、この共用サーバーを利用するとよいでしょう。

WordPressが動作するサーバー環境

Lesson 1-3でも解説したとおり、WordPressはWebサーバー上で動作するPHPというプログラムとMySQLというデータベース管理システムを利用します。そのため、これらがサポートされているレンタルサーバーが必要となります。

WordPressの動作に推奨されているサーバー環境は以下のとおりです。

- PHP バージョン 7.4以上
- MySQL バージョン 5.6以上

レンタルサーバーを選ぶ際には、この要件を必ず確認しておきましょう。また、プラン内容によってはPHPやMySQLが使えない場合もあるので注意しましょう。

レンタルサーバーの選び方

レンタルサーバーを選ぶ際には、サーバー環境のほかに以下のポイントについてチェックしましょう。

- **WordPressを簡単にインストールできる機能があるか**
- **サポート体制が充実しているか**
- **自動バックアップ機能があるか**
- **無料の独自SSLが提供されているか**

POINT ○ ○ ○ ○ ○ ○ ○ ○ ○ ○

SSLとは

SSLとは、簡単に説明するとWebサイトと閲覧ユーザの間で行われている通信データを暗号化するためのしくみです。以前は、ショッピングサイトのカートなど個人情報を送信するページではSSL化が必須でしたが、2018年の中頃からGoogleがすべてのWebサイトの常時SSL化を推奨し始め、Web全体のSSL化が進みました。

SSL化されているページにはブラウザのアドレスバーに安全を意味する鍵マークが表示され、SSL化されていないページには警告が表示されるようになっています。SSLの設定方法については、Lesson 9-1で解説します。

● SSL化されているページの場合

G Google × +

← → C 🔒 google.co.jp

SSL化されているページは、アドレスバーに安全性を示す鍵のマークが付いています

Googleについて　ストア

次ページへつづく

● SSL化されていないページの場合

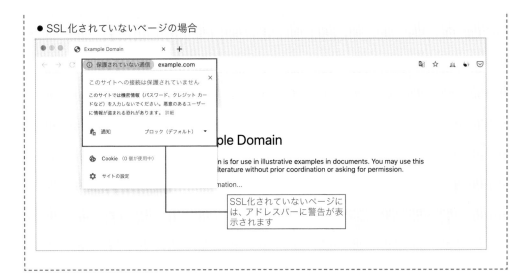

SSL化されていないページには、アドレスバーに警告が表示されます

WordPressをワンクリックでインストールできる機能を提供している 低価格帯のレンタルサーバー

WordPressを簡単にインストールできる機能を持つレンタルサーバーを表としてまとめました。Webサイトの予算や必要な機能など、レンタルサーバーを選ぶ際の参考としてください。

	ロリポップ！	スターサーバー	さくらの レンタルサーバー	ヘテムル	エックスサーバー
プラン名	ライト	ライト	スタンダード	ベーシック	X10
初期費用	1,500円	1,500円	1,048円	2,000円	3,000円
月額費用	250円	250円	524円	900円	1,000円
ディスク容量	100GB	50GB	100GB	200GB	200GB
バックアップ機能	あり （別途300円/月）	なし	あり	あり	あり
マルチドメイン	100個	50個	100個	無制限	無制限
データベース （MySQL）	1個	1個	20個	70個	無制限
サポート	メール・ チャット	メール	電話・メール	電話・メール	電話・メール
SSL	無料独自SSL	無料独自SSL	無料独自SSL	無料独自SSL	無料独自SSL

※上記は2020年8月現在の情報です。
※価格はすべて税別です。
※月額費用は1年契約の場合の金額であり、契約期間によって金額は異なります。

POINT ○ ○ ○ ○ ○ ○ ○ ○ ○ ○

無料のお試し期間を活用しよう

　多くのレンタルサーバーでは、1週間〜2週間ほど無料で試すことができる「お試し期間」を設けています。お試し期間を利用して、管理画面の使い勝手やWordPressのインストール機能などを実際に試してみるとよいでしょう。

レンタルサーバーを申し込む

　本書では、操作方法が初心者にもわかりやすく、筆者もよく利用している「エックスサーバー」の「X10」というプランに申し込む方法を例として解説します。レンタルサーバーによってそれぞれ手順は異なりますが、おおよそ同じような流れとなります。

❶ エックスサーバーのサイトを開く

エックスサーバーのサイト（https://www.xserver.ne.jp/）を開き、「お申し込み」タブにカーソルを合わせます。

② 申し込みフォームに進む

「サーバーお申し込みフォーム」をクリックします。

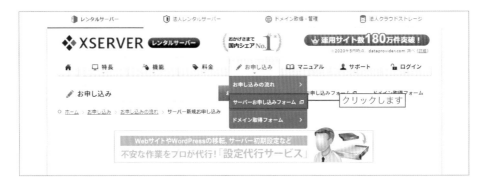

③ 新規申し込み

「10日間無料お試し　新規お申込み」をクリックします。プランは「X10」を選択し、「X ア
カウントの登録へ進む」をクリックします。

MEMO

本書では「WordPress クイックスタート」を利用せずに進みます。

❹ 申し込みフォームの入力

お申し込みフォームに必須項目を入力し、利用規約・個人情報の扱いの確認にチェックを入れ、「次へ進む」をクリックすると、登録したメールアドレスに確認コードが届きます。確認コードを入力して「次へ進む」をクリックします。確認画面が表示されるので、内容を確認して、「SMS・電話認証へ進む」をクリックします。

❺ SMS・電話認証による本人確認

電話番号を入力し、本人確認の認証コードを、SMSか自動音声のどちらで取得するかを選び
ます。「認証コードを取得する」をクリックすると、SMSか電話で認証コードが取得できま
す。認証コードを入力し、「認証して申し込みを完了する」をクリックします。

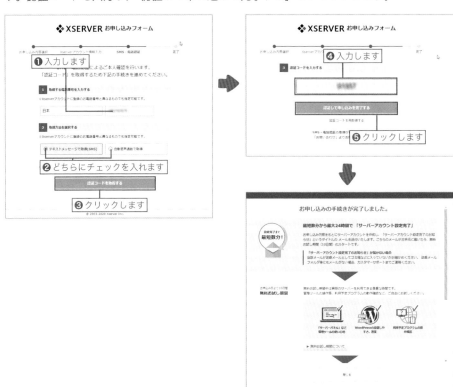

❻ 申し込み完了

以上でレンタルサーバーの申し込みは完了です。この後、数分～24時間以内にサーバーア
カウント設定完了のお知らせメールが届きます。このメールには、アカウント情報や料金の
支払いについてなど、大切な情報が書かれているので、よく読んで削除しないよう気をつけ
ましょう。

なお、エックスサーバーの試用期間は10日間となっています。試用期間中に支払いの手続
きを済ませないと、登録が無効となるので注意してください。支払いについては、メールの
内容にしたがって手続きをしてください。

Lesson 2-2

オリジナルなドメインを使おう

独自ドメインを取得する

ドメインはWebサイトへアクセスするための住所のようなものです。これを好きな文字列に設定できるのが独自ドメイン。ここではドメインの基礎知識と、独自ドメインを取得してサーバーに設定する手順を解説します。

自分のWebサイトを公開するためには、そのサイトの場所を記した住所（ドメイン）を設定する必要があります。このドメインの基本や設定方法を本節でマスターしていきましょう。

現実世界のように、インターネットの世界でも住所が必要なのが面白いですね。何だか興味が湧いてきました！

ドメイン名とは

私たちは普段、WebブラウザにURL（ホームページアドレス）を入力することで、インターネット上の特定の場所（コンピューター）にあるファイルにアクセスし、Webページなどを閲覧しています。そのURLに含まれているのがドメイン名です。

本来、インターネット上の特定の場所（コンピューター）を識別しているのは、「**IP アドレス**」と呼ばれる「123.45.67.890」のような番号ですが、これは人間にとって非常に覚えにくいものです。そこで、IPアドレスに**ドメイン名**を関連づけることによって、人間にとってわかりやすい文字列でアクセスできるようにしているのです。

ドメイン名は、下図のように複数のドメインから構成されています。

ドメイン構成の一例

第3レベルドメイン　第2レベルドメイン　トップレベルドメイン

http://www.example.com/

ドメイン名

なぜ独自ドメインが必要か？

　独自ドメインがなくても、レンタルサーバーが提供している無料のドメインを使ってサイト運営することが可能です。

レンタルサーバー会社が提供しているドメインの例

ユーザーはこの部分を好きな文字列に設定することができます

レンタルサーバー会社などが保有するドメイン名。この部分を好きな文字列にすることはできません

　ではなぜ、独自ドメインを取得したほうがいいのでしょうか？　会社名やお店の名前など、自分の好きなドメイン名で登録できることは当然として、他にも3つの大きな理由があります。

　1つめは、ドメイン名からサイトの内容が直感的にわかりやすく、覚えやすいということです。
　2つめは、何らかの理由でサーバーを移転してもドメイン名（URL）が変わることなく使えるということです。
　そして3つめに、独自ドメインは自分が保有しているものなので、第三者の都合で突然使えなくなるなどの心配がないということです。

無料のドメイン

- ドメイン名が長くなりがちで覚えにくい
- 他のサーバーへ移転すると、URLがすべて変わってしまう
- サービスが停止したら使えなくなる可能性がある

独自ドメイン

- ドメイン名が覚えやすく、ブランディング力や信頼性がある
- サーバーを移転しても、同じURLでサイト運営を続けられる
- 独自ドメインは自分で保有しているので第三者の影響を受けない

トップレベルドメインの種類

ドメイン名の一番右側にある、comやjpなどといったトップレベルドメインには、たくさんの種類があります。用途別や国別に定められたものや、取得制限のあるトップレベルドメインもあるので、運営したいサイトの種類によって選びましょう。

なお、ドメイン取得サービスを行っている会社によって、取得できるトップレベルドメインの種類は異なります。

汎用的なトップレベルドメインの一部

ドメイン	本来の用途	取得制限
com	commercial（商用）	なし
net	network（ネットワーク）	なし
org	organization（非営利団体）	なし
biz	business（ビジネス）	商用目的限定
info	information（情報提供）	なし
name	name（名前）	個人・非商用限定
jp	Japan（日本）	日本国内に常設の連絡先が必要

独自ドメインを取得する

MEMO

独自ドメインを使用しない場合は、この手順をスキップしてLesson 2-3に進んでください。

独自ドメインを取得する場合はレジストラと呼ばれるドメイン取得業者に依頼するか、レンタルサーバーの取得代行サービスを利用するのが一般的です。

登録費用は、取得先や取得したいトップレベルドメインの種類によって異なります。

エックスドメインで取得する

本書では、Lesson 2-1 で申し込みしたエックスサーバーが提供している「エックスドメイン」にて独自ドメインを取得する手順を解説します。

❶ Xserverアカウントにログインする

Xserverアカウントのログインページ（https://www.xserver.ne.jp/login_info.php）を開き、IDとパスワードを入力して「ログイン」をクリックします。

MEMO //

XserverアカウントのIDとパスワードは、サーバーアカウント設定完了のお知らせメールに記載されています。

【2】管理ツールのログイン情報

エックスサーバーのご利用に必要となる管理ツールおよびログイン情報は
以下のとおりです。

◆『Xserverアカウント』ログイン情報

```
XserverアカウントID          :
メールアドレス                :
Xserverアカウントパスワード   :
ログインURL                   : https://www.xserver.ne.jp/login_info.php
```

＊Xserverアカウントにログインすることで、ご登録情報の確認・変更、
　ご利用期限の確認、料金のお支払い等の管理が行えます。
---

❷ サービスお申し込みに進む

画面左側にある「サービスお申し込み」をクリックします。

MEMO //

エックスサーバーでは時期によって独自ドメイン無料キャンペーンを行っていることがあります。その場合は「キャンペーンドメイン」から取得するとお得です。

❸ 新規申し込みに進む

エックスドメインの「新規申し込み」をクリックします。

❹ 利用規約に同意する

利用規約と個人情報に関する公表事項を確認し、「同意する」をクリックします。

❺ 希望のドメインが取得可能か確認する

希望のドメイン名を入力し、取得可能か調べたいトップレベルドメインにチェックを入れて
「ドメイン名チェック」をクリックします。

❻ 取得するドメインを選ぶ

取得の可否と料金が表示されたら内容を確認し、取得したいドメイン名にチェックを入れます。「ネームサーバー初期設定」はエックスサーバーを使用するため「エックスサーバーを設定する（標準）」を選択し、「お申し込み内容の確認・料金のお支払い」をクリックします。

MEMO

希望のドメインが取得不可能だった場合は、別のドメイン名にて再度チェックをしてください。

❼ 支払手続きをする

希望する支払い方法の決済画面へ進み、決済手続きを行います（ここではクレジットカード決済を行っています）。決済が完了したら独自ドメインの取得は完了です。

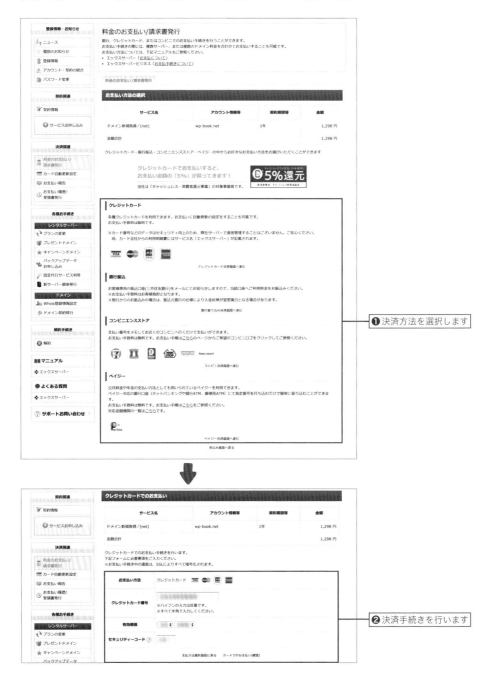

❶決済方法を選択します

❷決済手続きを行います

エックスサーバーに独自ドメインを設定する

取得した独自ドメインは、サーバーに接続するための設定を行う必要があります。ここではエックスサーバーのコントロールパネルにログインし、独自ドメインの設定を行います。

❶ Xserverアカウントにログインする

Xserverアカウントのログインページ（https://www.xserver.ne.jp/login_info.php）を開き、IDとパスワードを入力して「ログイン」をクリックします。

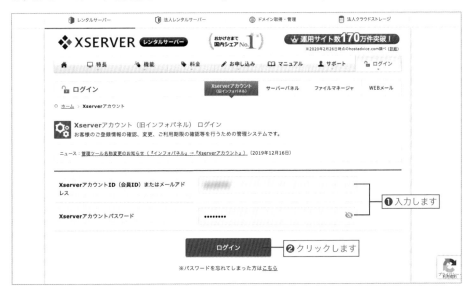

❷ サーバーパネルを開く

ご契約一覧のサーバーにある「サーバー管理」ボタンをクリックします。

39

❸ ドメイン設定に進む

サーバーパネルが開いたら「ドメイン設定」をクリックします。

❹ ドメインを設定する

「ドメイン設定追加」タブを選択し、取得した独自ドメイン名を入力して「確認画面へ進む」
をクリックします。

❺ ドメインを追加する

表示された内容を確認し「追加する」をクリックします。

❻ ドメイン設定完了

ドメイン設定の追加完了画面が表示されたら、独自ドメインの設定は完了です。

MEMO //

サーバーに設定が反映されるまで数時間～24時間程度かかる場合があります。Webブラウザで独自ドメインにアクセスしたときに「無効なURLです。」と表示された場合は、反映待ちの状態なのでしばらく待ちましょう。

簡単インストールなら数クリックで完了

WordPressをインストールする

WordPressを簡単にインストールできる「簡単インストール」機能を利用して、エックスサーバーにWordPressをインストールします。

特定のレンタルサーバーでは「簡単インストール」という機能で、手軽にWordPressをインストールすることができます。非常に便利なので、ぜひ活用してください！

「WordPressのインストールって難しそうだな」と感じていたので、ぜひ頼りたい機能ですね。早速この機能でインストールしてみます！

簡単インストール機能を利用する

① Xserverアカウントにログインする

Xserverアカウントのログインページ（https://www.xserver.ne.jp/login_info.php）を開き、IDとパスワードを入力して「ログイン」をクリックします。

② サーバーパネルを開く

ご契約一覧のサーバーにある「サーバー管理」ボタンをクリックします。

③ 簡単インストールを開く

「WordPress簡単インストール」をクリックします。

④ ドメインを選択する

WordPressをインストールするドメインを選択します。Lesson 2-2で独自ドメインを設定した場合は、独自ドメインの「選択する」をクリックします。

独自ドメインを設定していない場合は初期ドメイン（xxxxxx.xsrv.jp）の「選択する」をクリックします。

5 インストールの設定

「WordPressインストール」タブを開き、以下のとおりインストールの設定を入力します。すべて入力を終えたら、「確認画面へ進む」をクリックします。

❶ サイトURL

ドメイン直下にWordPressをインストールしたい場合は、入力欄を空欄のままにしてください。ドメイン以下のサブディレクトリに設置したい場合は、任意のディレクトリ名を入力します。

❷ ブログ名

好きなブログ名（＝サイト名）を入力します。あとから簡単に変更できるので、気軽に入力しましょう。

❸ ユーザー名

好きなユーザー名を半角英数字で入力します。このとき、admin、user、testなどといった一般的によく使われていそうなユーザー名は、セキュリティの観点からおすすめできません。ユニークなユーザー名を登録しましょう。ユーザー名はあとから変更することも可能ですが、ほんの少し手間がかかります。

❹ パスワード

管理画面へログインするための重要なパスワードを設定します。最低でも8文字以上で大文字と小文字のアルファベット、数字、記号などを組み合わせて入力しましょう。1234や0000など、簡単なパスワードは絶対に避けましょう。

❺ メールアドレス

自分のメールアドレスを入力します。あとから簡単に変更できます。

❻ キャッシュ自動削除

「ONにする」を選択します。

❼ データベース

「自動でデータベースを生成する」を選択します。

> **MEMO** //
>
> インストールする場所によって、WordPress サイトのトップページが表示されるURLが決まります。
> ドメイン直下（ルートドメイン）の場合→ http://example.com/
> サブディレクトリの場合→ http://example.com/任意のディレクトリ名/

6 インストールの確定

確認画面が表示されるので、内容を確認して「インストールする」をクリックします。

❼ インストール完了

インストールの完了画面が表示されたら、WordPressのインストールは完了です。
この画面に記載されている「管理画面URL」がWordPressの管理画面にログインするためのURLとなります。いつでもアクセスしやすいよう、ブックマークなどに入れておくとよいでしょう。

MEMO //

本書では扱いませんが、データベースの情報は必ず控えておきましょう。

これでWordPressのインストールは完了です。
早速、管理画面URLからWordPressのログイン画面にアクセスしてみましょう！

WordPressにログインする

早速、WordPressの管理画面へログインしてみましょう。

管理画面のURLを開き、設定したユーザー名とパスワードを入力して「ログイン」をクリックします。

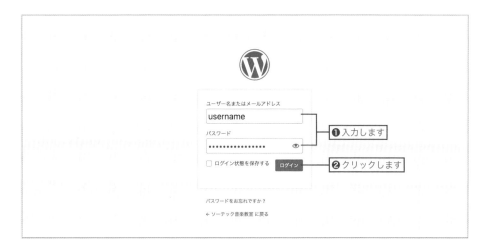

POINT ○ ○ ○ ○ ○ ○ ○ ○ ○ ○

ログイン画面が表示されない場合

管理画面へのURLを開いてもWordPressのログイン画面が表示されない場合は、サーバーやドメインの設定待ちであると考えられます。サーバーに設定が反映されるまで数時間〜24時間程度かかる場合があるため、時間をおいてアクセスし直してみてください。

先生のおかげで、WordPressにログインできました！はじめはわからないことだらけでしたが、これでWebサイト制作の第一歩が踏み出せそうです！

お役に立てて良かったです！WordPressでのWebサイトを制作していく際には、あまり難しく考えずに"楽しむ"気持ちで取り組んでみてください！

Lesson 2-4

WordPressに慣れるために

管理画面の操作方法を知ろう

WordPressにログインした画面のことを「管理画面」といいます。Webサイトを作り始める前に、管理画面の主な操作方法を把握しましょう。

実はデジタル画面の操作が苦手で、スマートフォンですら使いこなせていません。こんなボクでもWordPressを使いこなせるのでしょうか…。

大丈夫ですよ！ WordPressの管理画面は誰でも操作しやすく作られています。まずは管理画面の各機能を説明しますね。

管理画面とダッシュボードの構成

管理画面は「**ツールバー**」「**メインナビゲーション**」「**作業領域**」という3つのエリアで構成されています。

図2-4-1 管理画面の3つのエリア

管理画面にログイン後、最初に表示される「**ダッシュボード**」というページには以下の項目が表示されます。

図2-4-2 ダッシュボード

❶WordPressへようこそ！

管理画面内でよく使いそうなページへのリンクや、初めての人に役立つリンクが掲載されています。

❷サイトヘルスステータス

現在のWebサイトのパフォーマンス（表示速度など）やセキュリティの状態を自動で診断し、結果を表示してくれます。

「改善が必要」などのメッセージが表示された場合は、「サイトヘルス画面」をクリックして問題を確認しましょう。

❸概要

投稿やコメント数、使用中のバージョンやテーマなど現在のサイトの概要が確認できます。

❹アクティビティ

最近の投稿やコメントを確認できます。

❺クイックドラフト

簡易的な投稿の下書きを作成することができます。タイトルと本文を入力して「下書き保存」をクリックします。

❻WordPressイベントとニュース

WordPress公式ローカルサイトの最新記事や、フォーラムへの最近の投稿が表示されます。

ツールバーの機能

画面上部にある帯の部分を「ツールバー」といいます。ツールバーの機能を左から順に説明します。

WordPressアイコン

WordPressアイコンにカーソルを合わせると、まず「**WordPressについて**」というページへのリンクがあります。

このアイコンをクリックすると、現在使用しているバージョンの概要や、開発貢献者のクレジットなどについて見ることができます。また、困ったときに役立つページへのリンクも表示されます。

図2-4-3 WordPressアイコンとクリック後の画面

サイトと管理画面の切り替え

　サイトのタイトルが表示されている部分をクリックすると、サイトのトップページ（訪問者が見るページ）に切り替わります。管理画面にログインしている状態のときはサイトの上部にもツールバーが表示され、管理画面とサイトを行き来することができます。訪問者には、ツールバーは表示されないので安心してください。

図2-4-4 管理画面とサイト

　Webブラウザのタブを利用してサイトと管理画面の両方を開いておくと、よりスムーズに作業が行えます。

未承認コメントの通知

　吹き出しアイコンをクリックすると、サイトへのコメントを管理するページにジャンプします。未承認のコメントやトラックバックがあった場合には、アイコンの隣に通知の数が表示されます。コメント機能については、Lesson 3-5で説明します。

図2-4-5 吹き出しアイコン

新規追加へのショートカット

　「**＋新規**」にカーソルを合わせると、新しく追加したいコンテンツやユーザーアカウントを作成するためのリンクが表示されます。

図2-4-6 「＋新規」アイコン

ログインユーザー情報とログアウト

　「**こんにちは、○○さん！**」にカーソルを合わせると、自分のユーザープロフィールを編集するためのリンクと、管理画面からログアウトするためのリンクが表示されます。

図2-4-7 ログインユーザー情報と各リンク

メインナビゲーションの機能

画面左側にあるメインナビゲーションには、サイトを作るために必要なメニューが表示されています。

それぞれのメニューにカーソルを合わせると、そのサブメニューが表示され、目的のページをワンクリックで開くことができます。また、メインナビゲーションをクリックしてしばらく経つと、サブメニューはメインナビゲーション内にメニュー表示されます。

一番下の「**メニューを閉じる**」をクリックすると、アイコンのみのすっきりとしたメニュー表示になります。

図2-4-8 サブメニューの表示とアイコンのみのメニュー表示

作業領域の表示オプションとヘルプ

作業領域の右上にある**「表示オプション」**と**「ヘルプ」**という項目について説明します。

表示オプション

「表示オプション」タブを開くと、それぞれのページに表示させる項目やレイアウトを選ぶためのパネルが開きます。例えば、「ダッシュボード」のページでは、初期状態で「サイトヘルスデータ」「概要」「アクティビティ」「クイックドラフト」「WordPress イベントとニュース」「ようこそ」の6項目すべてにチェックが入っていて、画面に表示されていることがわかります。この中から不要な項目のチェックを外して、画面から項目を非表示にすることができます。

また、それぞれの項目はタイトルをクリックすることでボックスを開閉したり、ドラッグ＆ドロップで配置を変更することも可能です。

図2-4-9 表示オプション

ヘルプ機能

「ヘルプ」タブを開くと、各ページの機能や解説が表示されます。管理画面の操作でわからないことがあれば、まずはこの「ヘルプ」を開いてみましょう。

図2-4-10 ヘルプ機能

先生のおかげでどこにどんな機能があるかわかりました！これなら僕でも操作できそうです！

理解できてもらえて良かったです！
まずは操作してみて、もし操作に困った時はヘルプ機能を活用してみてください。

Chapter 3

WordPressの初期設定

Webページを作り始める前に設定してお
いたほうがよい6つの項目について説明し
ます。

小さな会社やお店のWebサイトに使いやすい

テーマをインストールする

テーマについての理解を深め、本書で使用するオリジナルテーマ「Primer of WP」をインストールしましょう。

WordPressでは、さまざまなページデザインが無料で提供されています。あなたのページにあったデザインを自由に選ぶことができますよ。

ゼロから作るのではなく、用意されているものから選べるのはとても便利ですね！ 面倒くさがりのボクにピッタリです！

テーマとは

WordPressの「**テーマ**」とは、Lesson 1-3でも触れたとおり、いわゆるデザインテンプレートのようなものです。使いたいテーマをWordPressにインストールして切り替えることで、Webサイトの見た目を変更することができます。

テーマによって機能や設定方法が異なるので、最初にテーマを決めておいたほうがスムーズにWebサイトを作ることができます。

初期インストールされているテーマ

WordPressをインストールすると、いくつかのテーマがあらかじめインストールされています。管理画面の「外観」＞「テーマ」をクリックして、インストール済みのテーマを確認してみましょう。WordPressのバージョン5.5では、「Twenty Twenty」「Twenty Nineteen」「Twenty Seventeen」という3つのテーマがあり、「Twenty Twenty」が有効化されていることがわかります。

これらのテーマは「**デフォルトテーマ**」と呼ばれ、1年に1回くらいのペースで新しいテーマがリリースされており、リリースされた直近の西暦がそのままテーマ名となっています。

図3-1-1 初期インストールされているテーマが確認できる

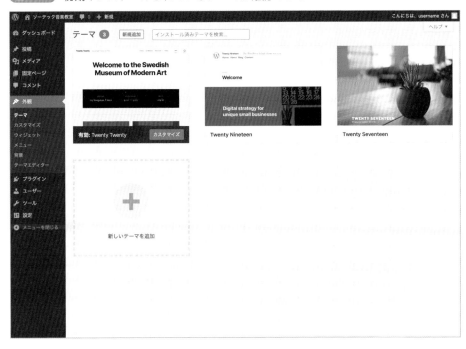

図3-1-2 初期設定されている「Twenty Twenty」での表示

図3-1-3 テーマを「Twenty Seventeen」に変更したときの表示

テーマの種類

　テーマはWordPressの開発者だけでなく、世界中の誰もが自分の作ったテーマを公式ディレクトリに登録申請することができるため、数多くのテーマが無料で配布されています。

　また公式ディレクトリ以外にも、個人のWebサイトで配布されているテーマや、企業が有料で販売している多機能なテーマも数多くあります。

図3-1-4 公式ディレクトリに登録されているテーマ
（https://ja.wordpress.org/themes/）

本書で使用するテーマ

　このようにWordPressのテーマは数え切れないほどあります。しかし、自分が思い描く
デザインや機能を持ったテーマを探すのは、1つ1つインストールして試してみたり、独自
の機能を確認したり……と、なかなか手間のかかる作業です。

　そこで本書では、小さな会社やお店のWebサイトに使いやすいテーマ「**Primer of WP**」
を用意しました。最新デフォルトテーマの「Twenty Twenty」をベースに筆者がカスタマイ
ズしたテーマです。

MEMO

WordPressの本体同様、テーマにもGPLライセンス（GNU General Public License）が
適用されるため、既成のテーマを自由に改変することが可能です。

「Primer of WP」のインストールと有効化

① テーマをダウンロードする

本書オリジナルのテーマ「Primer of WP」を使用するため、まずは以下のURLを開き「テーマダウンロード」をクリックして、パソコン上に保存します。

`URL` https://wp-book.net/
`ファイル名` primerofwp.zip

② テーマ追加画面を開く

WordPressの管理画面から「外観」>「テーマ」を開き、「新しいテーマを追加」をクリックします。

③ アップロード画面を開く

「テーマのアップロード」をクリックします。

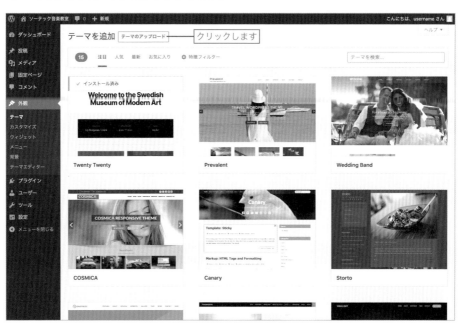

4 テーマをアップロードする

「ファイルを選択」をクリックし、❶でダウンロードしたファイル（primerofwp.zip）を選択します。

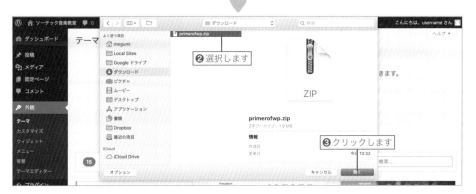

5 インストールする

「今すぐインストール」をクリックします。

6 有効化する

インストールが完了したら「有効化」をクリックします。

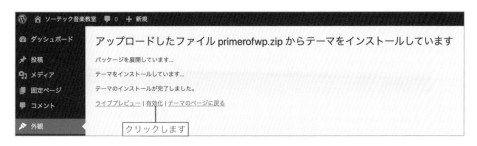

⑦ 確認する

有効化するとテーマ一覧の画面に戻ります。「サイトを表示」をクリックして、テーマが切り替わっているか確認しましょう。

COLUMN

公式ディレクトリからテーマをインストールする

　本書を読み終えたあとに、「他にもいろいろなテーマを試してみたい！」と思ったら、まずは公式ディレクトリから探してみましょう。公式ディレクトリに登録されているテーマは、WordPressの管理画面から検索したりインストールすることが可能です。

❶ テーマ追加画面を開く

WordPressの管理画面から「外観」＞「テーマ」を開き、「新しいテーマを追加」をクリックします。

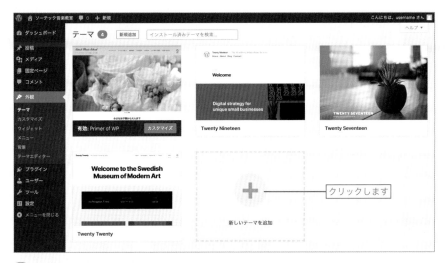

❷ テーマを検索する

膨大なテーマの中から「注目」「人気」「最新」などのタブを切り替えたり、「特徴フィルター」からジャンルや機能を絞り込んで表示させることができるほか、キーワードを自由に入力して検索することも可能です。

MEMO

キーワードは日本語に対応していないため、英単語で検索してください。

次ページへつづく

3 インストールする

テーマ画像にマウスオーバーすると、詳細を見たりインストールすることができます。

POINT

公式ディレクトリ以外のテーマ

　公式ディレクトリで配布されているテーマは有志のレビューチームによって検証されているので安心ですが、公式ディレクトリ以外で配布されているテーマは有料・無料問わず脆弱性があったり悪意のあるコードが仕組まれているケースもあり、使用には注意が必要です。配布元の情報が明らかでない場合には、安易に使用しないほうがよいでしょう。

Lesson 3-2

サイト名や表示に関する設定をしよう

基本設定をする

WordPressではWebサイト全体にかかわる設定も管理画面から編集できます。本節では、サイト名や表示に関する設定を行いましょう。

会心のタイトル・キャッチフレーズを思いつきました！ぜひサイトに反映したいのですが、どのように設定すればよいのかわかりません…。

そういったタイトルやキャッチフレーズは管理画面から設定することができます。また、編集途中のサイトの公開設定も併せて説明しますね！

サイトのタイトルとキャッチフレーズを設定する

① 一般設定を開く

管理画面の左側、メインナビゲーションの「設定」>「一般」を開きます。

② サイトのタイトルを編集する

　サイトのタイトルとはWebサイト全体の名前のことを指します。企業であれば会社名、お店であれば店名など、端的でわかりやすい名前にしましょう。ここでは、サイトのタイトルに「ソーテック音楽教室」と入力します。

③ キャッチフレーズを編集する

　キャッチフレーズとは、Webサイトの説明文のことを指します。企業であれば事業内容や経営理念、お店であれば地域名やお店の特徴などを含めるとよいでしょう。ここでは、キャッチフレーズに「ピアノ・バイオリン・フルートの個人レッスン教室」と入力します。

④ 保存する

編集し終わったら「変更を保存」をクリックします。

⑤ 表示を確認する

サイトを表示すると、入力したサイト名とキャッチフレーズが表示されていることがわかります。

MEMO //

サイトのタイトルやキャッチフレーズはいつでも変更可能です。

POINT   ○　○　○　○　○　○　○　○　○　○

その他の一般設定

　一般設定では上記のほかに、管理者メールアドレスの変更やサイトの言語設定なども行うことができます。しかし、「WordPress アドレス」と「サイトアドレス」を書き換えてしまうと、管理画面や Web サイトが表示されなくなる場合があるため注意しましょう。

制作中のWebサイトを見られないための表示設定

通常は、WebサイトのURLを知っている人または外部サイトからの被リンクがなければ第三者が制作中のWebサイトを閲覧する可能性は極めて低いです。しかし、Webサーバー上でサイト制作を進めていると検索エンジンのロボットが巡回して自動的にインデックス登録されてしまう（＝検索結果に表示される）ことがあります。

このため、Webサイトの制作過程を見られたくない場合には、あらかじめ検索エンジンにインデックスを拒否する設定をしておきましょう。

① 表示設定を開く

管理画面の「設定」＞「表示設定」を開きます。

② チェックを入れて保存する

「検索エンジンがサイトをインデックスしないようにする」にチェックを入れて「変更を保存」をクリックします。

MEMO ///

この設定を行っても、100％インデックスに登録されないという保証はありません。また、Webサイトが完成したら必ずこのチェックを外すことを忘れないようにしましょう。

Lesson
3-3

Lesson
3-3

始めに設定しておくことが大事

パーマリンクを設定する

WordPressで作成したページには自動的にURLが生成されます。この
URLのことを「パーマリンク」といいます。ページを作り始めてからパーマ
リンクを変更するとページのURLが変わってしまうため、あらかじめ設定し
ておきましょう。

ページを作成していく前に「パーマリンク」を設定してお
きましょう！ 事前に設定しておくと、サイトURLを変え
ずにページ作成を行っていくことができます。

変わっていることに気づかずに、あとあと困るところで
した…。聞いておいてよかったです！

パーマリンクの初期値

パーマリンクの初期値は以下のように「日付と投稿名(ページのタイトル)」となっています。

http://ドメイン名/投稿年/投稿月/投稿日/投稿名/

例) http://example.com/2020/06/01/post-title/

POINT ○ ○ ○ ○ ○ ○ ○ ○ ○ ○

投稿名が日本語だと…

投稿名が日本語の場合はURLも日本語となり、ブラウザ上では「http://example.com/
2020/06/01/日本語/」となります。これでも問題ありませんが、リンクを共有する際にコピー＆
ペーストすると日本語部分がエンコードされ「http://example.com/2020/06/01/%e6%97%a
5%e6%9c%ac%e8%aa%9e/」のように長いURLとなってしまいます。

パーマリンクの構造を変更する

初期設定のままでも問題ありませんが、パーマリンクは好きな構造に変更することができます。本書では「カスタム構造」を利用して、以下のようにパーマリンク構造を変更します。

http://ドメイン名/カテゴリ名/投稿ID/

例）http://example.com/news/123/

① パーマリンク設定を開く

管理画面の「設定」＞「パーマリンク設定」を開きます。

② パーマリンクを変更する

「カスタム構造」にチェックを入れて初期値を削除し、「利用可能なタグ」から「%category%」「%post_id%」の順にクリックします。

③ 保存する

編集し終わったら「変更を保存」をクリックします。

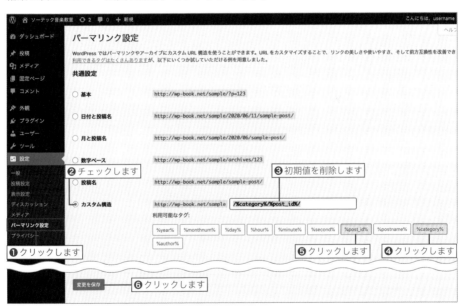

MEMO

パーマリンク設定を変更すると作成済みのページにも変更が適用され、既存のURLが変わってしまいます。Webサイトの公開後は、できるだけパーマリンクを変更しないようにしましょう。

パーマリンクの「カスタム構造」で利用できるタグは以下のとおりです。

表3-3-1 構造タグ一覧

構造タグ	取得する文字列
%year%	投稿年
%monthnum%	投稿月
%day%	投稿日
%hour%	投稿された時間
%minute%	投稿された分
%second%	投稿された秒
%post_id%	投稿の固有ID
%postname%	投稿名
%category%	投稿のカテゴリー
%author%	投稿の作成者

構造タグでより柔軟にパーマリンクを設定することができるので、ぜひ利用してみてください！

Lesson 3-4

ユーザープロフィールの設定

投稿ページに表示される 名前を変更する

多くのWordPressテーマでは、投稿ページに投稿者名が表示されます。この投稿者名を任意の名前で表示されるように設定しましょう。

初期設定では投稿ページに投稿者名が表示されるようになっているので、必要に応じて変更しましょう。ここでは、投稿者名を任意の名前に変更していきます。

投稿者名がユーザー名で登録されてしまったので、変更できるのはとても助かります！ ぜひ変更方法を教えてください！

投稿者名を変更する

WordPressに初めから投稿されている「Hello World!」というページを表示してみると「作成者：username」のように、WordPressにログインする際のユーザー名が表示されているのがわかります。そのままで問題ない場合はよいのですが、任意の名前で表示させたい場合は以下の手順で変更しましょう。

図3-4-1 投稿ページには投稿者名が表示される

ソーテック音楽教室　★ カスタマイズ　♡ 2　📷 0　＋ 新規　✎ 投稿の編集　　　　　　　こんにちは、username さん　🔍

ソーテック音楽教室
ピアノ・バイオリン・フルートの個人レッスン教室　　　　　　　　　　　　　　　　　サンプルページ　🔍検索

未分類

Hello world!

👤 作成者: username　　📅 2020年6月9日　　💬 1件のコメント

WordPress へようこそ。こちらは最初の投稿です。編集または削除し、コンテンツ作成を始めてください。

✎ 編集

「Hello world!」への1件の返信

① プロフィール画面を開く

管理画面の「ユーザー」>「プロフィール」を開きます。

② ニックネームを入力する

「ニックネーム」の入力欄に、Webサイト上で表示させたい名前を入力します。ここでは、「管理人」と入力します。

> **MEMO** ///
>
> ニックネームは会社名や担当者名のほか、「店長」や「Web担当者」など肩書のようなものでもよいでしょう。

③ ブログ上の表示名を選択して更新

「ブログ上の表示名」のプルダウンから ② で入力した名前を選択し、「プロフィールを更新」をクリックします。

④ 確認する

投稿ページを再読み込みすると、ニックネームが表示されていることが確認できます。

COLUMN ○ ○ ○ ○ ○ ○ ○ ○ ○ ○

その他のユーザー設定

プロフィール画面ではニックネームの設定のほかに、管理画面の配色を好みのものに変更したり、パスワードの再設定なども行うことができます。

「サイトを見るときにツールバーを表示する」のチェックを外すと、WordPressにログインした状態でも上部のツールバーが非表示となり、閲覧者がサイトを見るときと同じ表示になります。

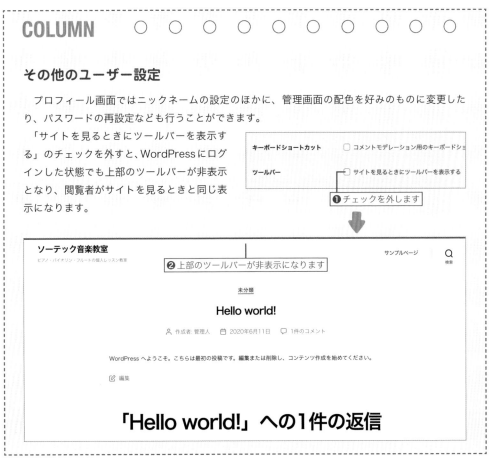

Lesson 3-5　投稿を始める前に

コメント機能を設定する

WordPressはもともとブログ用に開発されているため、閲覧者が投稿ページにコメントを残せる機能がついています。初期状態では投稿ページにコメント欄が表示される設定となっているため、コメント機能について必要な設定をしておきましょう。

WordPressにはブログと同様、閲覧者がサイトにコメントを書き込める機能があります。作成するサイトの目的によって、コメント機能の設定を変えていきましょう。

了解です！ ボクのサイトにはあまり必要のない機能だと思うので、オフにしようと考えています。

コメント機能をオフにする

企業やお店のWebサイトの場合、Webサイト上で閲覧者とコメントをやり取りするケースはあまり多くありません。コメント機能が必要ない場合は以下のとおり設定しましょう。

図3-5-1　投稿ページに表示されるコメント欄

Hello world!

👤 作成者: 管理人　📅 2020年6月11日　💬 1件のコメント

WordPress へようこそ。こちらは最初の投稿です。編集または削除し、コンテンツ作成を始めてください。

 編集

「Hello world!」への1件の返信

WordPress コメントの投稿者
2020年6月11日 3:50 午後・編集

こんにちは、これはコメントです。
コメントの承認、編集、削除を始めるにはダッシュボードの「コメント画面」にアクセスしてください。
コメントのアバターは「Gravatar」から取得されます。

 返信

① ディスカッション設定を開く

管理画面の「設定」>「ディスカッション設定」を開きます。

② 投稿設定のチェックを外す

「デフォルトの投稿設定」にあるチェックをすべて外します。

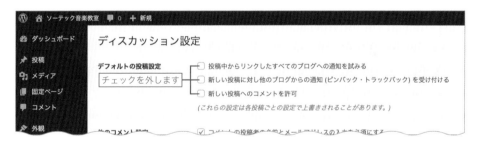

POINT

ピンバックの送受信は有効にする

「デフォルトの投稿設定」の1つめにある「ブログへの通知」とは、投稿ページに外部リンクが含まれている場合、そのリンク先に対して通知を自動送信する機能のことです。逆に2つめの「ピンバック・トラックバック」とは、外部サイトに自分のサイトへのリンクが貼られた場合に通知を受け付ける機能のことです（いずれも相手先がその機能を使っている場合のみ有効）。

これらの機能は残し、コメント欄だけを非表示にしたい場合は「新しい投稿へのコメントを許可」のみチェックを外してください。

③ 保存する

「変更を保存」をクリックします。

MEMO //

この設定以降に投稿するページについてはコメント欄が非表示となりますが、すでに投稿済みのページのコメント欄は表示されたままとなります。

コメント機能を使う場合

　Webサイトの内容によっては、コメント機能を利用して積極的に閲覧者と交流したほうがよいケースもあります。その場合には「デフォルトの投稿設定」にはチェックを入れたままで運用しましょう。また、ディスカッション設定画面で細かなルール設定も可能です。

サイトの印象が決まる

デザインの基本設定をする

WordPressには「カスタマイザー」という機能があり、使用するテーマによってロゴ画像の設定や配色などのデザインをリアルタイムプレビューで設定することができます。本節では、カスタマイザーを使ってデザインの基本設定をしましょう。

テーマで使われている色などを、自分のサイトに合わせて変更したいのですが、難しいですか？

そういった時には「カスタマイザー」の出番です！ 使用しているテーマの配色を他の色に設定できるので、イメージしているサイトに近づけることができますよ！

画像素材を準備しよう

デザインの基本設定をする前に、本書で使用するサンプル画像素材を以下の手順で準備しましょう。

① 画像素材をダウンロードする

以下のURLを開き「画像素材ダウンロード」をクリックしてパソコン上に保存します。

URL
https://wp-book.net/

ファイル名
img.zip

2 ファイルを解凍する

ダウンロードしたimg.zipを解凍します。Windowsの場合はファイルを右クリックして「すべて展開」をクリックします。macOSの場合はファイルをダブルクリックすると解凍できます。解凍できたら準備完了です。

ロゴ画像を設定する

「Primer of WP」テーマのカスタマイザーでは、サイト名をロゴ画像に差し替えることができます。サイト名はテキストのままでも十分ですが、ロゴ画像のほうが印象に残りやすくブランディング効果が期待できます。

1 カスタマイザーを開く

管理画面の「外観」>「カスタマイズ」を開きます。

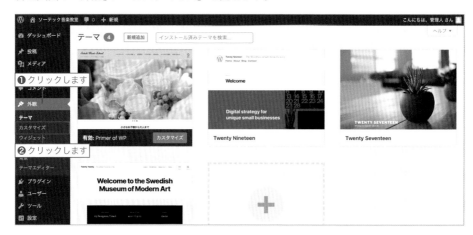

② サイト基本情報を開く

カスタマイザーが開いたら「サイト基本情報」をクリックします。

③ ロゴの選択画面を開く

「ロゴを選択」をクリックします。

④ ロゴ画像をアップロードする

ファイルのアップロード画面が開いたら画像素材の「logo.png」をアップロードし、「選択」
をクリックします。

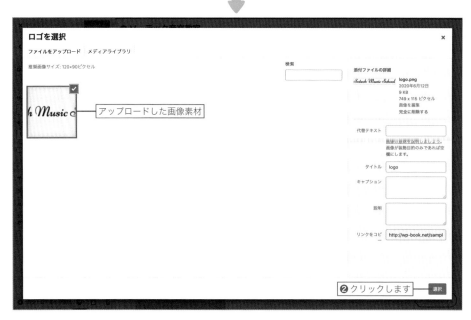

5 切り抜きの選択

画像の切り抜き画面が表示されたら「切り抜かない」をクリックします。

6 プレビューを確認して公開する

画面右側のリアルタイムプレビューにロゴ画像が設定されたのが確認できます。問題なけれ
ば「公開」をクリックします。

MEMO //

カスタマイザーでは「公開」をクリックすることで設定が保存され、サイト上にも反映さ
れるしくみになっています。

サイトアイコンを設定する

　サイトアイコンとはファビコン（favicon）とも呼ばれ、ブラウザのタブに表示されるアイコンのことです。WordPressの初期状態では、サイトアイコンがWordPressのロゴマークである🟦に設定されているため、オリジナルのアイコンに変更しましょう。

1 サイトアイコンの選択画面を開く

カスタマイザーの「サイト基本情報」から「サイトアイコンを選択」をクリックします。

2 画像をアップロードする

「ファイルをアップロード」タブを選択して、ロゴと同様に画像素材の「favicon.png」をアップロードし、「選択」をクリックします。

アップロードした画像素材

❷ クリックします

❸ 確認して公開する

ブラウザのタブに設定したアイコンが表示されていることを確認したら「公開」をクリックします。

クリックします

MEMO

サイトアイコンを自作する場合は、512×512pxの正方形で作成してください。

サイトの配色を設定する

　見た目の第一印象は色で決まると言われるほど、色は重要な役割を持っています。意図的に奇をてらう場合を除き、会社やお店の雰囲気にあった配色のほうが閲覧者に安心感を与えるでしょう。

　サンプルサイトでは上品な雰囲気にするため、落ち着いた水色をベースに配色します。

❶ 色の設定を開く

カスタマイザーの「色」をクリックして開きます。

MEMO ///

「サイト基本情報」が開いた状態の場合は画面左上の **く** をクリックすると、カスタマイザーのメインメニューに戻ります。

❷ ヘッダーとフッターの背景色を設定する

「ヘッダーとフッターの背景色」から「色を選択」をクリックし、以下の色コードを入力します。

色コード：#add9e0

❷ 色コードを入力します

MEMO //

ページの上部のことをヘッダー、下部のことをフッターと呼びます。

❸ メインカラーを設定する

「メインカラー」の「カスタム」にチェックを入れ、水色のあたりにバーを移動します。

❶ チェックを入れます

❷ 左へドラッグします

❹ プレビューを確認して公開する

画面右側のプレビューを確認して「公開」をクリックします。

❶ 確認します

❷ クリックします

MEMO //

ヘッダー、フッター、リンクの色などが変わり、これだけでも印象が変わることがわかり
ます。

背景画像を設定する

色だけでも印象を変えることができますが、背景画像にパターンやテクスチャを加えると
個性を出すことができます。サンプルサイトでは音楽スタジオの防音壁をイメージして、シ
ンプルなドット柄のパターンを背景画像に設定します。

❶ 背景画像の設定を開く

カスタマイザーの「背景画像」をクリックして開きます。

❷ 画像の選択画面を開く

「画像を選択」をクリックします。

③ 画像をアップロードする

「ファイルをアップロード」タブを選択して、画像素材の「bg-dots.png」をアップロードし、
「画像を選択」をクリックします。

④ プレビューを確認して公開する

画面右側のプレビューを確認して「公開」をクリックします。

MEMO

背景に設定する画像は、テキストの可読性を邪魔しない程度のさりげない画像を使用しましょう。

COLUMN ○ ○ ○ ○ ○ ○ ○ ○ ○ ○

色が持つイメージの一例

同じ色相でも彩度や明度によって印象は異なりますが、おおまかな色のイメージは以下の表のとおりです。

赤	活発、情熱的、力強い、警告
桃色	かわいい、愛情、優しい、幸福
橙色	陽気、あたたかい、健康的、親しみやすい
黄色	明るい、元気、好奇心、注意
緑	穏やか、癒やし、平和、自然
青	知的、誠実、信頼、静か
白	清潔、純粋、自由、シンプル
黒	重厚感、高級、フォーマル、シック

Chapter 4

投稿ページを作ろう

投稿の基本から、ブロックエディターの操
作方法や覚えておきたいブロックの使い方
について解説します。

Lesson 4-1

使い分けるポイントは？

「投稿」と「固定ページ」の 違いを知ろう

WordPressには「投稿」と「固定ページ」という2種類のページ作成機能が あります。それぞれの違いを知り、特徴にあった使い分けをしましょう。

ページ作成機能である「投稿」と「固定ページ」、それ ぞれの特徴を解説していきます！作成したいページに よって使い分けてくださいね！

ページ作成を始めようと思ったらその2つが出てきて、 どっちを選べば良いのか迷っていたところです。ぜひ 教えてください！

「投稿」と「固定ページ」を見比べてみよう

WordPressの初期状態では、**「投稿」**と**「固定ページ」**が1ページずつ作成されています。 2つを見比べてみると、「投稿」にはページに関する情報がいくつか表示されているのに対 し、「固定ページ」はタイトルと内容だけのすっきりとしたページであることがわかります。

◆投稿ページに表示されている情報

- ・カテゴリー
- ・作成者
- ・投稿日
- ・コメント

図4-1-1 投稿ページ

図4-1-2 固定ページ

「投稿」の特徴

「投稿」はもともとブログページを作成するための機能であり、カテゴリーによって投稿を分類したりアーカイブページ（過去の投稿一覧）を持つことができます。このため、新しい情報を積み重ね、時間とともに増えていくタイプのコンテンツに適しています。

また、投稿のカテゴリーは親子階層によって細分化することが可能です。

投稿に適したコンテンツの例

お知らせ、店長日記、スタッフブログ、コラム、制作事例など

図4-1-3　投稿のカテゴリー階層のイメージ

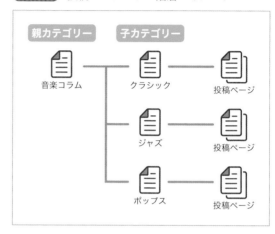

「固定ページ」の特徴

「固定ページ」は一般的なWebページを作成するための機能です。内容が新しくなった場合、古い情報を残すのではなく書き換えるタイプのコンテンツに適しています。

また、固定ページには関連性のあるページを紐付ける親子階層の機能があります。ページ数の多いWebサイトの場合は、親子階層を利用して情報をわかりやすく整理できます。

固定ページに適したコンテンツ

会社概要、事業内容、プロフィール、お問い合わせ、プライバシーポリシーなど

図4-1-4　固定ページの親子階層のイメージ

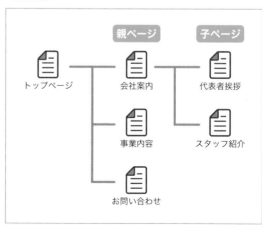

サンプルサイトでの使い分け

　本書のサンプルサイトでは、以下のとおり「お知らせ」は投稿を使って作成し、それ以外のページは「固定ページ」で作成していきます。

図4-1-5 サンプルサイトでの投稿と固定ページの使い分け

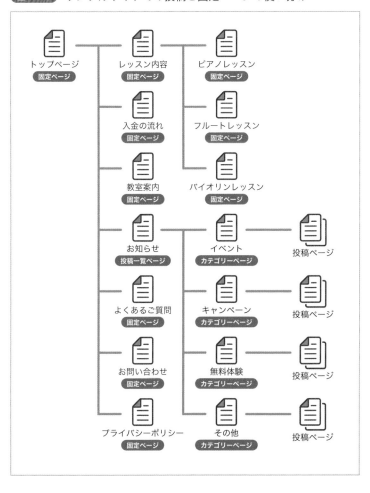

Lesson 4-2　投稿を始める前の準備

カテゴリーを設定する

カテゴリーは投稿を分類するための機能です。投稿を始める前に、初期設定されているカテゴリーの変更と、必要なカテゴリーの追加をしましょう。

何やら「カテゴリー」という機能があるのですが、これもWebサイトの作成に必要ですか？

もちろんです！ カテゴリーを正しく登録しておくと、ユーザーが必要としている情報を見つけやすくなるので、最適なものを設定していきましょう！

未分類カテゴリーを変更する

WordPressの初期状態では「未分類」というカテゴリーが設定されていますが、これは削除できないため名称を変更しましょう。

MEMO ///

投稿する際にカテゴリーを指定しないと、この「未分類」に自動的に登録されます。

① カテゴリーの設定画面を開く

管理画面の「投稿」＞「カテゴリー」を開きます。

② 「未分類」のクイック編集を開く

「未分類」にマウスカーソルを合わせ、「クイック編集」をクリックします。

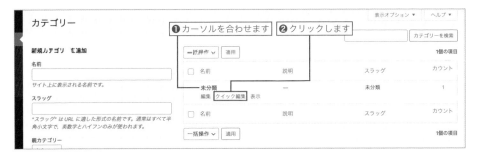

③ 名前とスラッグを修正する

名前にはカテゴリー名、スラッグにはURLとして表示させたい文字列を入力します。
サンプルサイトでは、以下のとおり設定して「カテゴリーを更新」をクリックして更新します。

名前：その他
スラッグ：other

POINT ◯ ◯ ◯ ◯ ◯ ◯ ◯ ◯ ◯ ◯

スラッグとは

　スラッグとはURLの一部となる文字列のことで、カテゴリーのスラッグを「other」とした場合、カテゴリー一覧ページのURLは以下のようになります。日本語でも問題ありませんが、Lesson 3-3でも解説したとおりエンコードされると長いURLとなってしまうため、半角英数字で設定しておいたほうがスマートです。

　例）http://example.com/category/other/

カテゴリーを追加する

　次に、必要なカテゴリーを追加していきます。カテゴリーの追加はいつでも可能ですが、投稿が増えてからカテゴリーを整理するのは手間がかかるため、はじめのうちに設定しておいたほうがよいでしょう。

　「新規カテゴリーを追加」に名前とスラッグを入力し、「新規カテゴリーを追加」をクリックします。

　サンプルサイトでは、右の3つを追加します。

表4-2-1 追加するカテゴリー

名前	スラッグ
イベント	event
キャンペーン	campaign
無料体験	trial

MEMO

親子階層のカテゴリーを作成したい場合は「親カテゴリー」から該当するカテゴリーを選択します。

COLUMN

タグ付け機能

　投稿メニューにある「タグ」とは、カテゴリーと同様に投稿を分類するための機能です。タグを登録するには、「投稿」>「タグ」を開いて、カテゴリーと同様に行います。このタグ付け機能は、使用してもしなくても構いません。一般的にはカテゴリーと併用して、より具体的なキーワードを与えて使用します。

　例えば、『定期演奏会開催のお知らせ』を書いた投稿があるとします。この場合「イベント」カテゴリーに分類し、「演奏会」や「コンサート」といったタグを付与します。カテゴリー機能との違いとして、タグは階層構造を持つことができません。

Lesson 4-3

投稿の基本操作を覚えよう

お知らせを投稿する

タイトル、本文、カテゴリー、アイキャッチ画像のみを利用して、投稿の基本操作を身につけましょう。

 遂に投稿するときがきました！ でもいざするとなると、自分にできるかどうか不安です…。

これから解説する手順通りに操作すれば大丈夫ですよ！ はじめはタイトルと本文のみを投稿し、徐々に慣れていきましょう！

「Hello World!」を削除する

まずは、初期状態で投稿されている「Hello World!」という投稿を削除します。

❶ 投稿一覧を開く

「投稿」＞「投稿一覧」を開きます。

② 投稿を削除する

「Hello World!」にマウスカーソルを合わせ、「ゴミ箱へ移動」をクリックします。

POINT   ○ ○ ○ ○ ○ ○ ○ ○ ○ ○

削除した投稿をもとに戻すには

投稿を削除すると「ゴミ箱」というページへのリンクが作成されます。「投稿」>「投稿一覧」>「ゴミ箱」を開くと削除された投稿の一覧が表示されます。ゴミ箱からもとに戻したい場合は、投稿のタイトルにカーソルを合わせて「復元」をクリックします。「完全に削除する」をクリックすると、もとに戻せないので注意しましょう。

タイトルと本文のみで投稿する

1 タイトルを入力する

「投稿」>「新規追加」を開き、「タイトルを追加」部分にタイトルを入力します。ここでは「春の入会50%OFFキャンペーン」と入力します。

2 本文を入力する

タイトルの下に投稿の本文を入力します。

文章の途中で改行するには、キーボードの Shift キーを押しながら Enter キーを押します。また、文章の段落をあらためるには、 Enter キーのみを押します。改段は通常、文章のかたまりごとに行います。

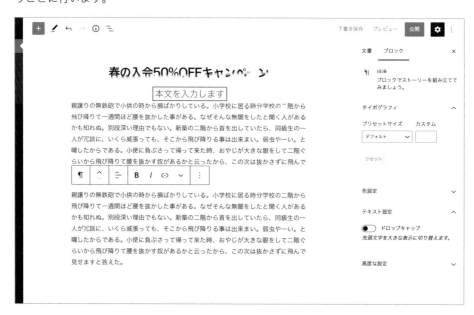

③ カテゴリーを選択する

投稿内容に該当するカテゴリーを選択します。カテゴリーを選択するには、画面右のサイドバーにある「文書」タブをクリックし、「カテゴリー」をクリックして開きます。Lesson 4-2で設定したカテゴリーが表示されます。ここでは「キャンペーン」にチェックを入れます。

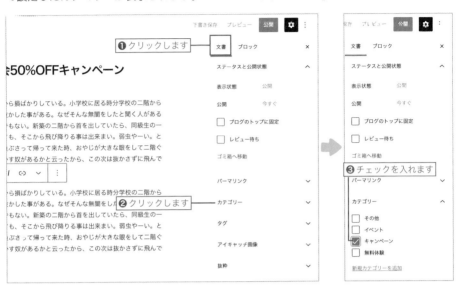

> **MEMO**
>
> ひとつの投稿に対して複数のカテゴリーを選択することも可能です。

④ 公開する

「公開」ボタンをクリックします。すると、「公開しても良いですか？」という確認に切り替わるため、「公開」ボタンをクリックして投稿を公開します。次回からこの確認をスキップしたい場合は画面右下の「公開前チェックを常に表示する。」のチェックを外します。

> **MEMO**
>
> 公開前に実際の表示を確認したい場合は「プレビュー」をクリックします。また、公開せずに投稿内容を保存したい場合には「下書き保存」をクリックします。

⑤ ページを確認する

公開されると「投稿を表示」という項目が表示されるので、これをクリックして実際に公開されたページを確認してみましょう。カテゴリー名、タイトル、投稿者名、投稿日、本文が表示されているのがわかります。

POINT

○　○　○　○　○　○　○　○　○　○

管理画面に戻るには

　投稿を表示したあと管理画面に戻るには、ブラウザの戻るボタンをクリックするか、上部のツールバーを利用します。「投稿の編集」をクリックすると、現在表示しているページの編集画面に戻り、サイト名をクリックするとダッシュボードに戻ります。

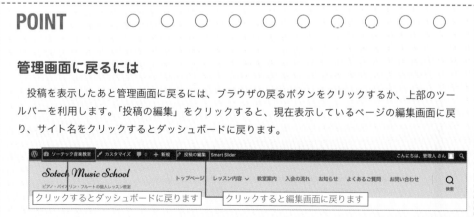

フルスクリーンモードを解除する

　投稿画面を開いたときに左のメインナビゲーションが消えてしまう場合は、画面右上の⋮をクリックして「フルスクリーンモード」のチェックを外します。

　フルスクリーンモードのまま投稿画面を利用する場合は、画面左上のWアイコンをクリックすることで、投稿一覧ページに戻ることができます。

アイキャッチ画像を設定する

　アイキャッチ画像とは投稿内容に関連した画像のことで、投稿内容をイメージさせたり人目を引く効果があります。ひとつの投稿につき、ひとつのアイキャッチ画像を設定することができます。

　使用するテーマによってアイキャッチ画像の表示方法は異なりますが、「Primer of WP」では、投稿本文の上や投稿一覧ページにアイキャッチ画像が表示されます。

図4-3-1　投稿ページでのアイキャッチ画像表示

1 公開済みの投稿を開く

「投稿」＞「投稿一覧」を開き、先ほど公開した投稿のタイトルをクリックします。

2 アイキャッチ画像を開く

画面右のサイドバーの文書タブを開き「アイキャッチ画像」をクリックします。

3 アップロード画面を開く

「アイキャッチ画像を設定」をクリックし、「ファイルをアップロード」タブでファイルをアップロードします。

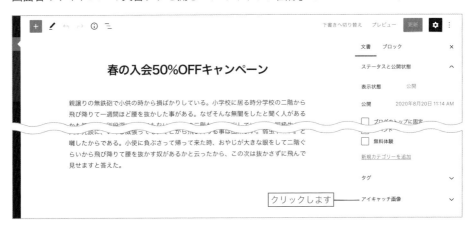

④ アップロードして設定

画像素材の「001.jpg」をアップロードし、「アイキャッチ画像を設定」をクリックします。

⑤ 更新する

「更新」ボタンをクリックします。画面右の「パーマリンク」を開き「投稿を表示」にある
URLをクリックすると、新しいタブでページが表示されます。

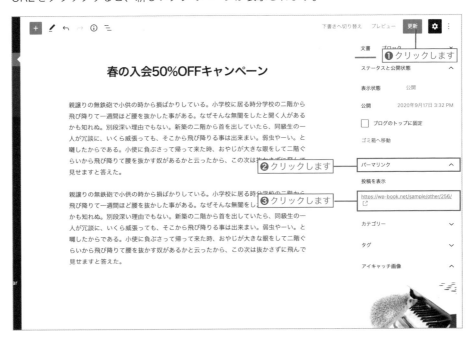

⑥ ページを確認する

更新したページを確認すると、本文の上にアイキャッチ画像が挿入されているのがわかります。

投稿を追加する

ここまでの操作を繰り返し、お知らせの投稿をあと２件追加しましょう。

表4-3-1 追加する記事内容

タイトル	カテゴリー	アイキャッチ画像
定期演奏会を開催します	イベント	002.jpg
7月の無料体験スケジュール	無料体験	003.jpg

図4-3-2 追加された２つの投稿ページ

公開メニューについて

投稿画面の公開メニューでは、ステータスと公開状態を設定できます。

公開状態

「公開」「非公開」「パスワード保護」の3種類から公開範囲を設定できます。パスワードは、投稿ごとに設定します。

- 公開：すべての人に表示されます。
- 非公開：サイト管理者と編集者にだけ表示されます。
- パスワード保護：任意のパスワードで保護します。パスワードを知っている閲覧者のみがこの記事を表示できます。

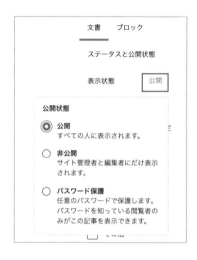

公開日時

通常は、初めて投稿を公開した日時が自動的に「公開日時」となりますが、これを任意の投稿日時に設定することが可能です。過去の日時の指定も可能ですし、未来の日時を指定して、予約投稿を行うことも可能です。

次ページへつづく

Chapter 4　投稿ページを作ろう

112

下書きとレビュー待ち

通常、1人でサイト運営をしている場合には未公開の投稿を「下書き」として保存しますが、複数人でサイト運営をしていて、公開権限のないユーザーが公開権限のあるユーザーに対して公開承認を求める場合には「レビュー待ち」にチェックを入れて「レビュー待ちとして保存」をクリックします。ユーザーと権限についてはLesson 9-3で解説します。

ブログのトップに固定

通常、投稿一覧ページでは投稿日時の新しい順に表示されますが、特定の記事を先頭に表示させたい場合は「ブログのトップに固定」にチェックを入れて公開します。

予約投稿の日時が過ぎても公開されないときは…

管理画面の「設定」>「一般」を開き、「タイムゾーン」を確認しましょう。「現地時間」として現在の時刻が表示されていなければ、プルダウンから「東京」または「UTC+9」を選択して「変更を保存」をクリックします。

ブロックエディターでどんなことができるの？

ブロックエディターの使い方を知ろう

Lesson 4-3ではタイトルと本文のみの投稿を作成しましたが、ブロックエディターを活用するとテキストを装飾したり画像を挿入したり、より魅力的なページを作成することができます。本節では、ブロックエディターの主な使い方を紹介します。

文字の投稿にも段々慣れてきました。次は文字に色をつけたり、画像を投稿してみたいです！

そんな時は「ブロックエディター」を使いましょう！ 難しいプログラミングを行わなくても、直感的に画像や文字を編集することができますよ！

ブロックエディターとは

　　WordPressの投稿や固定ページの作成画面には**「ブロックエディター」**という編集機能があります。ブロックエディターは、文字どおりブロックを組み立てるようにコンテンツをレイアウトすることができます。

　　ブロックの種類も豊富で、初期状態では合計60種類以上のブロックが用意されています。すべての使い方を覚える必要はありませんが、どんなブロックがあるのかを知っておくと役に立つでしょう。

ブロックの種類

分類		ブロック名	用途
テキスト	¶	段落	本文テキスト
	▣	見出し	文中の見出し
	≔	リスト	箇条書きや番号付きリスト
	❞	引用	引用文の掲載
	⟨⟩	コード	HTMLやプログラムのコードを掲載
	⌨	クラシック	WordPress4.9以前の投稿エディターを利用

次ページへつづく

分類	ブロック名	用途
テキスト	整形済みテキスト	スペースやタブを見た目どおり表示
	プルクオート	特に強調したい引用
	テーブル	表の挿入
	詩	詩の掲載
メディア	画像	画像の挿入
	ギャラリー	画像ギャラリーの作成
	音声	音声ファイルの埋め込み
	カバー	背景として画像を配置
	ファイル	PDFなどのファイルへのリンク
	メディアと文章	画像や動画ファイルとテキストを横並びに表示
	動画	動画ファイルの埋め込み
デザイン	ボタン	リンクボタンを設置
	カラム	2列や3列など横並びのレイアウトを組む
	グループ	複数のブロックをまとめてグループ化
	続きを読む	一覧ページでコンテンツの一部のみを表示
	ページ区切り	複数のページに分けて表示
	区切り	水平の区切り線を挿入
	スペーサー	ブロック間に余白を設ける
ウィジェット	ショートコード	プラグインなどのショートコードを挿入
	アーカイブ	年月ごとの投稿一覧ページへのリンクを表示
	カレンダー	投稿カレンダーを表示
	カテゴリー	カテゴリーごとの投稿一覧ページへのリンクを表示
	カスタムHTML	HTMLタグでの編集
	最新のコメント	最近投稿されたコメントのリンクを表示
	最新の投稿	最近投稿された記事のリンクを表示
	RSS	外部サイトなどのRSSを表示
	検索	キーワード検索枠を表示
	ソーシャルアイコン	ソーシャルアカウントへのリンクをアイコンで表示
	タグクラウド	サイト内の投稿に設定されたタグ一覧を表示
埋め込み	各種外部サービス	YouTubeの動画を埋め込むなど、外部サービスの埋め込み

ブロックエディターの基本操作

まずはブロックエディター全般の操作方法を覚えましょう。

ブロックの内容を表示する

「投稿」＞「新規投稿」画面を開き、「タイトルを追加」の下の■にカーソルを合わせると、「ブロックの追加」アイコン＋に変化するので、クリックします。「すべて表示」をクリックすると、画面左側に種類別にブロックを選択できる「ブロックライブラリ」が表示されます。また、各ブロックにマウスカーソルを合わせると、ブロックの見本と説明を見ることができます。

ブロックを追加する

　使用したいブロックを選択します。ここでは見出しブロックを選択し、クリックしてみましょう。見出しブロックが追加されます。

　使用したいブロックが見つからない場合は、ブロックの名称で検索することも可能です。

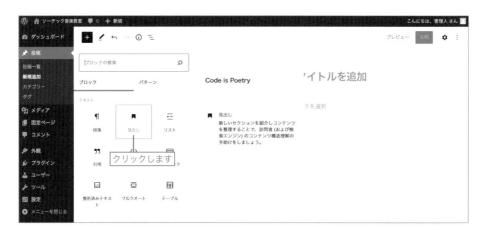

ブロックを編集する

　見出しブロックが追加されたら、ブロックにテキストなどのコンテンツを入力し、ブロックの上部のツールバーで細かい設定を行います。

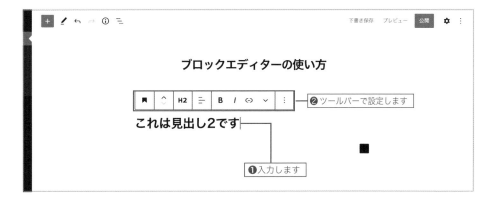

ブロックのサイドバーを表示する

　＋アイコンをクリックし、ブロックを追加すると、画面右側のサイドバーが非表示となります。表示させるには画面右上の歯車アイコンをクリックします。

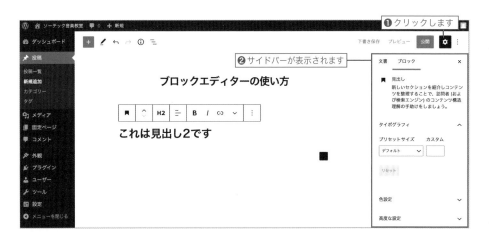

ブロックを複製する

　ブロックを複製したい場合は、ブロックを選択した状態で上部のツールバーに表示される ⋮ をクリックし「複製」をクリックします。

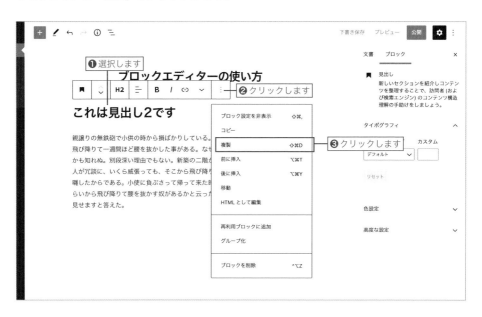

ブロックを移動する

　ブロックの位置を上下に移動したい場合は、ブロックを選択した状態で上部のツールバーに表示される ∧ ∨ で移動することができます。

ブロックを削除する

ブロックを削除したい場合は、ブロックを選択した状態で上部のツールバーに表示される
⋮をクリックし「ブロックを削除」をクリックします。

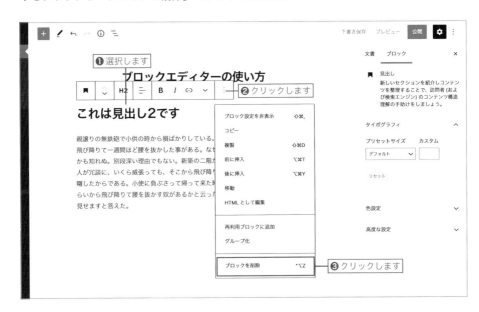

ブロック操作の取り消しとやり直し

画面上部にある⤺⤻アイコンで、ブロック操作の取り消しとやり直しが可能です。

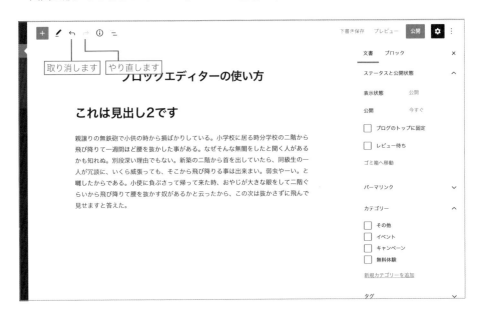

テキストを装飾する

　本文を入力するための「**段落ブロック**」を使って、テキストを装飾してみましょう。段落ブロック以外にも共通する機能があるので、ぜひ覚えておきましょう。

MEMO //

各ブロックの設定機能や、ブロックを使うことによって適用されるデザインは、使用するテーマによって異なる部分があります。

テキストの配置を変更する

　通常は左寄せの配置となっていますが、ブロック上部のツールバーから中央寄せや右寄せにすることが可能です。

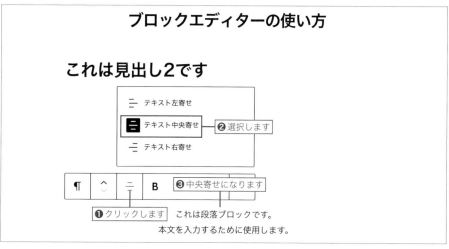

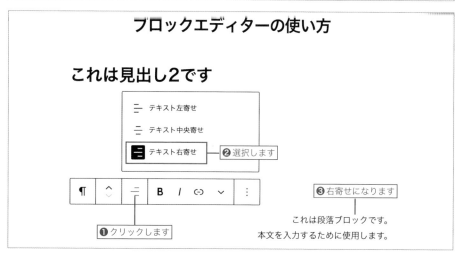

太字にする

　テキストの一部またはすべてを太字にする場合は、太字にしたいテキストを選択してブロック上部のツールバーから **B** のアイコンをクリックします。

斜体にする

　テキストの一部またはすべてを斜体にする場合は、斜体にしたいテキストを選択してブロック上部のツールバーから *I* のアイコンをクリックします。

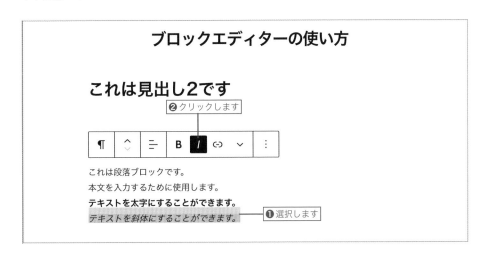

リンクを貼る

　テキストの一部またはすべてにリンクを貼る場合は、リンクを貼りたいテキストを選択して、ブロック上部のツールバーから⊖をクリックし、リンク先のURLを入力して↵をクリックします。

　このとき、リンク先を新しいタブで開くようにしたい場合は、「新しいタブで開く」をクリックしてオンにします。

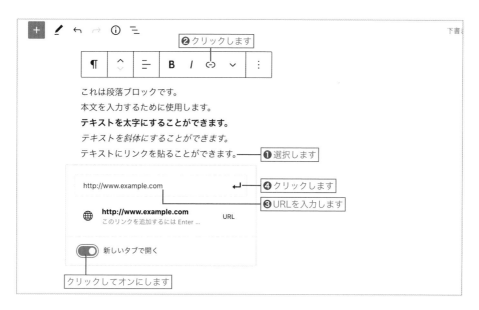

取り消し線をつける

　テキストの一部またはすべてに打ち消し線をつける場合は、打ち消し線をつけたいテキストを選択してブロック上部のツールバーから⌄のアイコンをクリックして「取り消し線」をクリックします。

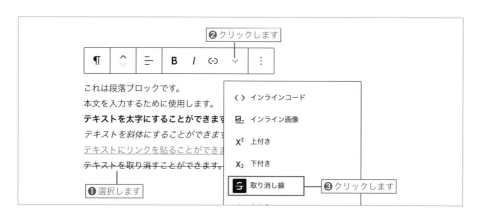

　部分的に文字色を変更する場合は、文字色を変更したいテキストを選択してブロック上部のツールバーから˅のアイコンをクリックして「文字色」をクリックします。

　アクセントカラーを中心にカラーパレットが表示されますが、「カスタムカラー」をクリックすると好きな色を選択することが可能です。カラーパレット外をクリックすると色が確定します。

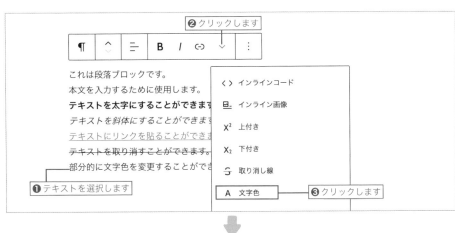

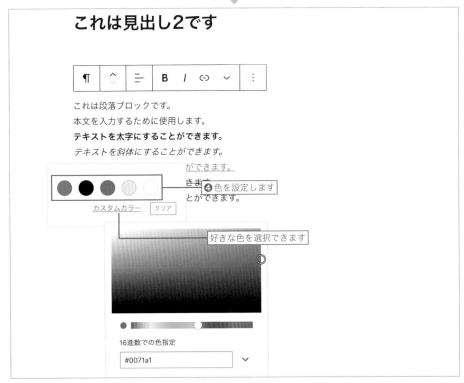

文字サイズを変更する

　文字サイズを変更する場合は、ブロックを選択した状態で右のサイドバーのブロックタブにある「タイポグラフィ」から「小」「通常」「大」「特大」を選択し、カスタム数値ボックスでサイズの調整を行います。

　文字サイズを変更できるのはブロック単位となります。

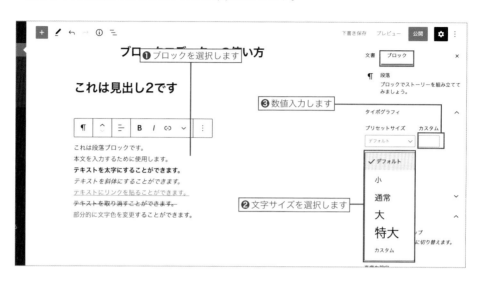

先頭文字を大きくする

　先頭文字のみを大きくする場合は、ブロックを選択した状態で右のサイドバーのブロックタブにある「ドロップキャップ」をオンにします。1文字目を目立たせたい場合や、雑誌の誌面のように印象的なデザインにしたい場合に利用します。先頭文字の色は、Lesson 3-6で設定した「メインカラー」が適用され、他の色には変更できません。

ブロック単位で色を変更する

ブロック単位で文字色や背景色を変更する場合は、ブロックを選択した状態で右のサイドバーのブロックタブにある「色設定」を開いて設定します。「カスタムカラー」をクリックすると好きな色を選択することが可能です。

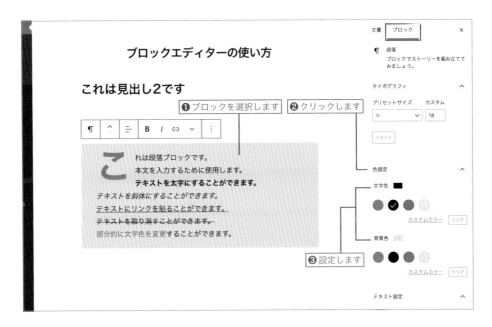

中見出しを追加する

文中に中見出しを設ける場合は見出しブロックを使用します。文章が長くなる場合に使うとよいでしょう。

見出しには階層レベルがあり、H1（見出し1）～H6（見出し6）までを設定できます。通常は、記事のタイトルがH1となるため、文中ではH2から順に使用します。

☑ 見出しの階層例

- H1 投稿のタイトル
  └ H2 文中のセクション1
    ├ H3 文中のセクション1-1
    └ H3 文中のセクション1-2
      └ H4 文中のセクション1-2-1

MEMO //

Hとは「Heading=見出し」の略で、1～6の数字は見出しのレベルを表しています。HTMLでも見出しテキストは＜h1＞～＜h6＞のタグでマークアップを行います。

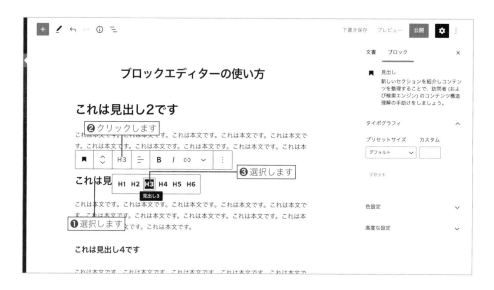

画像を挿入する

画像を挿入する場合は、画像ブロックやギャラリーブロックを使用します。

画像ブロックの使い方

画像ブロックは主に、文中に画像を挿入する場合に使用します。

1 画像をアップロードする

■アイコンをクリックしてブロックメニューを表示させ、画像ブロックを追加して「アップロード」をクリックします。ファイルを選択する画面が表示されるので、挿入したい画像ファイルを選択して「開く」をクリックします。

すぐにアップロードした画像を使用する場合は「メディアライブラリ」をクリックして画像を選択します。ここでは画像素材の「006.jpg」をアップロードしました。

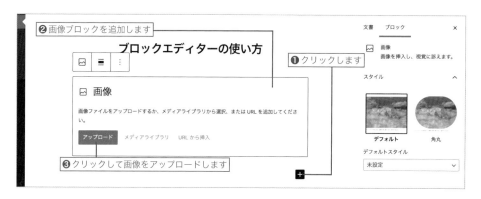

② 画像の配置とキャプションを設定する

投稿画面に画像が挿入されたら、画像ブロックの上部にあるツールバーから画像の配置を選択します。また、キャプションを付ける場合は入力します。

▸画像配置の種類

- ・指定なし（左寄せでテキストの回り込みなし）
- ・左寄せ（左寄せでテキストの回り込みあり）
- ・中央寄せ（コンテンツ幅を最大とした中央寄せ）
- ・右寄せ（右寄せでテキストの回り込みなし）
- ・幅広（コンテンツ幅いっぱい）
- ・全幅（画面幅いっぱい）

挿入した画像が自分がイメージしている位置になるように配置を選択しましょう！

MEMO

画像のサイズが大きすぎるとアップロードできない場合があります。アップロードサイズの上限はサーバーによって異なり、管理画面の「メディア」>「新規追加」を開くと確認できます。

③ 画像の詳細を設定する

画面右のサイドバーのブロックタブから、Altテキスト、画像サイズ、画像の寸法を必要に応じて設定します。

「Altテキスト」には画像が表示されない場合や、画像を見ることができないユーザーに配慮するため、画像の代わりとなるテキストを入力しましょう。

④ スタイルを設定する

画面右のサイドバーのブロックタブから「スタイル」を開くと、画像の角を丸くすることができます。

5 リンクを設定する

画像にリンクを設定する場合は、画像を選択してブロック上部のツールバーから⊖のアイコンをクリックします。リンク先は、以下の3種類から設定することができます。

- 任意のURL
- メディアファイル（アップロードした元の画像ファイル）
- 添付ファイルのページ（画像ファイルのみが表示されるページ）

6 画像をトリミングする

画像をトリミング加工したい場合は、切り抜きアイコンをクリックします。次に縦横比選択ボタンをクリックしてトリミングしたい比率を選択し、「適用」をクリックします。

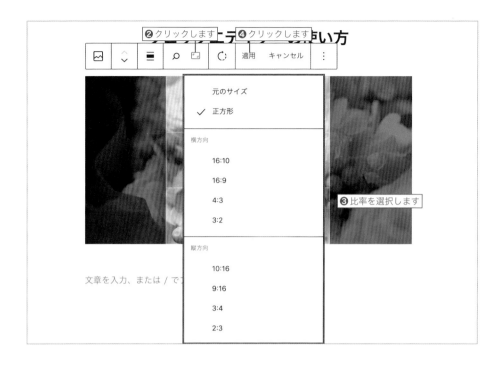

ギャラリーブロックの使い方

ギャラリーブロックは複数の画像をきれいに並べて表示させる場合に使用します。

❶ 画像をアップロードする

ブロック直下にある ➕ アイコンをクリックし、ギャラリーブロックを追加して「アップロード」をクリックします。ファイルを選択する画面が表示されるので、挿入したい画像ファイルを複数選択して「開く」をクリックします。
画像が挿入されたら、必要に応じてキャプションを入力します。

2 ギャラリーの詳細を設定する

画面右のサイドバーのブロックタブから、カラム数、画像の切り抜き、リンク先を必要に応じて設定します。

「カラム数」は画像を横に並べる最大数を設定し、「画像の切り抜き」は縦横比の異なる画像を面合わせして表示するための設定です。

「リンク先」はメディアファイルまたは添付ファイルのページのいずれかのみ選択できます。

③ ギャラリーを編集する

ギャラリーに設定した画像を削除する場合には、画像をクリックした状態で ⊠ をクリックします。画像を並び替える場合には、〈 〉アイコンをクリックします。

YouTubeの動画を埋め込む

　YouTubeの動画など、外部サイトのコンテンツを埋め込む場合には埋め込みブロックを利用します。

① YouTubeブロックを挿入

ブロック直下にある ➕ アイコンをクリックし、埋め込みブロックの中からYouTubeのブロックを選択して挿入します。

2 動画URLをコピーする

YouTubeのサイトに移動して埋め込み表示させたい動画を開きます。「共有」をクリックして表示されたURLをコピーします。

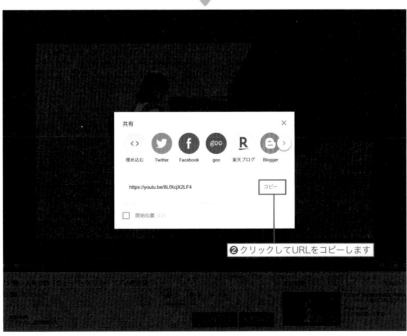

③ URLを貼り付けて埋め込む

WordPressの投稿画面に戻り、コピーしたURLを貼り付けて「埋め込み」をクリックします。

MEMO //

ブロックエディターの具体的な活用方法は、Chapter 5で固定ページを作成しながら解説します。

Chapter 4

投稿ページを作ろう

Chapter 5

固定ページを作ろう

企業やお店のWebページを作るうえで必
要なノウハウや、ブロックエディターの活
用方法について解説します。

Lesson 5-1 企業やお店のWebサイトに欠かせない設定

トップページと投稿一覧ページを設定する

固定ページでWebページを作り込んでいく前に、WordPressサイトのトップページと投稿一覧ページのしくみを理解し、表示設定を行いましょう。

今の状態だとトップページがブログサイトのようなイメージですが、変更することは可能ですか？

はい！ 変更可能なので安心してください。まずはWordPress のページのしくみを理解し、トップページの表示設定を行いましょう。

WordPressサイトのトップページのしくみ

WordPressはもともとブログソフトウェアのため、**初期状態のトップページには投稿一覧が自動的に表示されるしくみ**となっています。

しかし、企業やお店のWebサイトの場合は目的に合わせた内容を掲載するため、任意の固定ページをトップページとして表示させ、投稿一覧ページを別に設ける必要があります。

サンプルページを削除する

最初に、初期状態で作成されている「サンプルページ」という固定ページを削除しましょう。

「固定ページ」＞「固定ページ一覧」を開き、タイトルにカーソルを合わせて表示される「ゴミ箱へ移動」をクリックします。

MEMO

プライバシーポリシーのページはChapter 6で作成するため、そのまま残しておきましょう。

Chapter 5 固定ページを作ろう

136

トップページと投稿一覧ページを設定する

トップページ用の固定ページと、投稿一覧を表示させるための固定ページをそれぞれ用意し、表示設定を行います。

1 トップページ用の固定ページを作成する

「固定ページ」>「新規追加」を開き、タイトルと本文を入力して「公開」をクリックします。

MEMO //

トップページの内容は Chapter 7 で作り込むため、ここでは適当に一文追加するだけで構いません。

② 投稿一覧ページを作成する

「固定ページ」>「新規追加」を開き、タイトルを入力します。

サンプルサイトでは「お知らせ」というページを投稿一覧にするため、タイトルには「お知らせ」と入力し、「下書き保存」をクリックします。

③ 投稿一覧ページのパーマリンクを設定する

画面右のサイドバーにある文書タブをクリックし、「パーマリンク」を開いて「URLスラッグ」を「news」に書き換えて「公開」をクリックします。

MEMO //

固定ページではページごとに任意のスラッグ（URL）を設定することができます。

④ ホームページ設定を開く

「外観」>「カスタマイズ」を開いて「ホームページ設定」をクリックします。

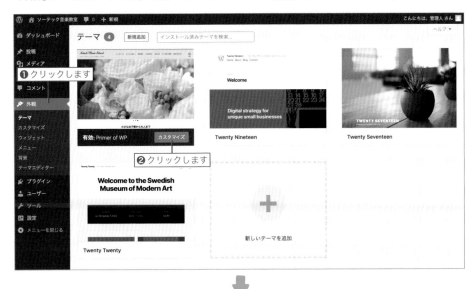

MEMO ///

固定ページを作成していない、あるいは公開していない場合は「ホームページ設定」が表示されません。

⑤ 設定する

ホームページの表示は「固定ページ」を選択し、ホームページは「トップページ」、投稿ページは「お知らせ」を選択して「公開」をクリックします。

⑥ サイトを確認する

サイトを確認すると、トップページに固定ページの内容が表示され、お知らせページに投稿一覧が表示されていることがわかります。

トップページ

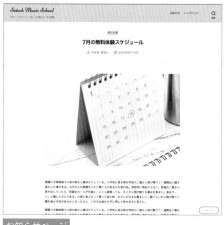

お知らせページ

教室案内ページを作成する

覚えておくと便利な3つのブロックを活用して、「講師プロフィール」「教室概要」「教室ギャラリー」を掲載する教室案内ページを作成しましょう。

以前学んだブロックエディターを使って、さらに魅力的なページを作成していきましょう！ここではその中から作成に役立つ3つのブロックをご紹介します！

もっとブロックエディターを活用したかったので、ぜひ教えてください！

ブロックを活用して魅せるページを作成する

見出し・段落・画像だけでも情報を伝えることは可能ですが、ブロックを活用することで、よりわかりやすく印象的なページに仕上げることができます。

本節では「メディアと文章」「テーブル」「ギャラリー」3つのブロックを使って図のようなページを作成してみましょう。

図5-2-1 完成図

固定ページを追加し、講師プロフィールを入力する

まずはページを追加して、講師プロフィールを入力します。

画像ブロックと段落ブロックを使うより、メディアと文章ブロックを使ったほうが印象的なデザインにすることができます。

① 固定ページを追加する

「固定ページ」＞「新規追加」を開き、タイトルに「教室案内」と入力します。

② 見出しブロックを追加する

＋をクリックして「見出し」ブロックを選択します。

③ 見出しを設定する

見出しに「講師プロフィール」と入力し、テキストを中央寄せにします。

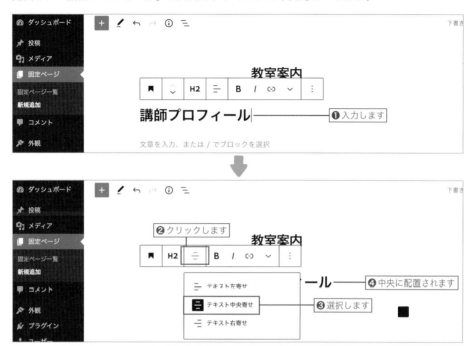

④ メディアと文章ブロックを追加する

➕ をクリックして「メディアと文章」ブロックを選択します。ブロックが見つからない場合は、ブロックの検索欄にブロック名を入力します。

⑤ 配置を設定する

メディアと文章の配置を逆にするため、「メディアを右に表示」をクリックします。

⑥ 色を設定する

画面右のサイドバーにある「色設定」を開き、文字色は白、背景色から水色（アクセントカラー）を選択します。

MEMO ///

ここにはカスタマイザーのメインカラーで設定した色相が表示されます。

7 画像を設定する

メディアエリアの「アップロード」をクリックして、画像素材の「011.jpg」をアップロードします。

8 文章を入力する

コンテンツにプロフィール文章を入力し、タイポグラフィのプリセットサイズから「デフォルト」を選択します。

9 プレビューする

「プレビュー」をクリックし、「新しいタブでプレビュー」をクリックしてサイトでの表示を確認してみましょう。画像と文章が横並びできれいにレイアウトされているのが確認できます。

スマートフォンでの表示

スマートフォンの場合は画面幅が狭いため、文章と画像が自動的に縦並びで表示されます。

先生が教えてくれた手順で、自分のプロフィールのページがイメージ通りに作成できました！

良かったです！ ブロックエディターをマスターして、より魅力的なサイトを作成していってください！

表組みを使って教室概要を入力する

テーブルブロックを使って教室概要を入力します。テーブルブロックは料金表やスケジュール表の作成などにも使うため、覚えておくと便利です。

① 見出しブロックを追加する

見出しブロックを追加し、「教室概要」と入力してテキストを中央寄せにします。

② テーブルブロックを追加する

➕をクリックして「テーブル」ブロックを選択します。

❸ 列数と行数を設定する

列数と行数を設定して「表を作成」をクリックします。
サンプルでは列（カラム）数を2、行数を4に設定します。

> **MEMO** //
>
> 表を作成してから列や行を増やしたり削除することも可能です。

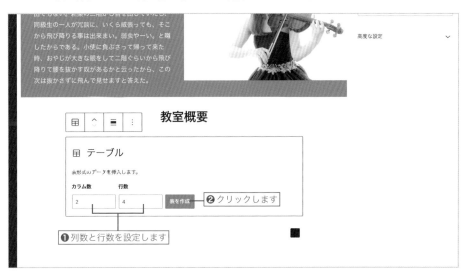

❹ 表の内容を入力する

表の内容を入力します。
サンプルでは、教室名、所在地、電話番号、営業時間を入力します。

⑤ プレビューする

「プレビュー」をクリックし、「新しいタブでプレビュー」をクリックしてサイトでの表示を確認しましょう。

ギャラリーを使って教室の写真を掲載する

① 見出しブロックを追加する

「見出し」ブロックを追加し、「教室ギャラリー」と入力してテキストを中央寄せにします。

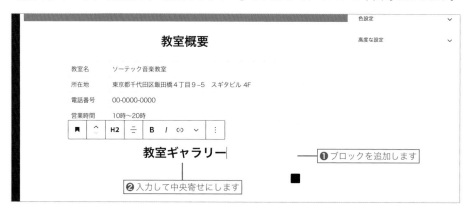

② ギャラリーブロックを追加する

➕ をクリックして「ギャラリー」ブロックを選択します。

③ 画像を設定する

メディアエリアの「アップロード」をクリックして、画像素材の「007.jpg」～「010.jpg」をアップロードします。

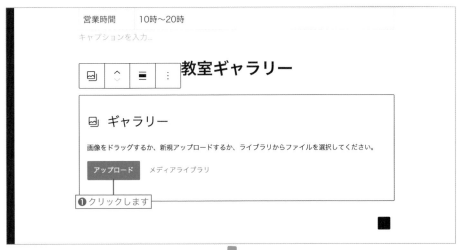

④ ギャラリーを設定する

レイアウトを「幅広」、カラムを「4」、リンク先を「メディアファイル」に設定します。

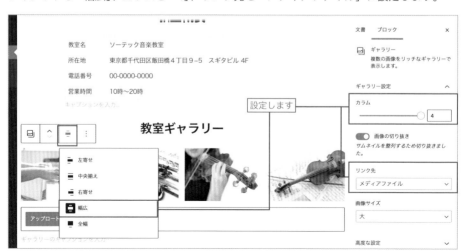

⑤ プレビューする

「プレビュー」をクリックし、「新しいタブでプレビュー」をクリックして、サイトでの表示を確認してみましょう。

パソコンでは4カラムで表示される

スマートフォンでは自動的に2カラムで表示される

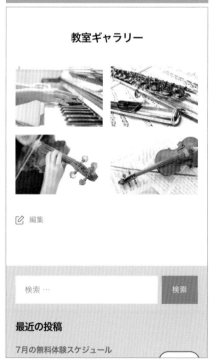

> プレビューを行う時は、パソコンとスマートフォンの両方で、サイトの表示を確認しましょう！

ページを公開する

ページが完成したら、パーマリンクを設定して公開しましょう。

画面右のサイドバーにある「文書」タブをクリックし、「パーマリンク」を開いて「URL スラッグ」を「school」に書き換えて「公開」をクリックします。

図5-2-2 パーマリンクを設定して公開する

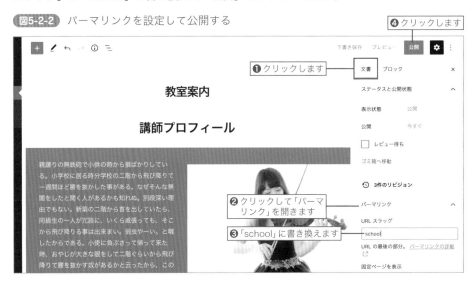

COLUMN ○ ○ ○ ○ ○ ○ ○ ○ ○ ○

拡大画像をポップアップで表示する

「教室ギャラリー」で作成したように、画像のリンク先を「メディアファイル」に設定すると、画像をクリックしたときに拡大画像が表示されます。

次ページへつづく

このとき、画像ファイルのみのページに遷移して表示されるため、元のページに戻る場合はブラウザでの戻る操作が必要となってしまいます。

　そこで、拡大画像をポップアップのように表示してくれるプラグイン『Simple Lightbox』を利用し、閲覧者の利便性を高めましょう。

❶ プラグインの追加画面を開く

管理画面の「プラグイン」＞「新規追加」を開きます。

❷ Simple Lightboxをインストールする

プラグインの検索フォームに「Simple Lightbox」と入力して「今すぐインストール」をクリックします。

次ページへつづく

③ 有効化する

インストールが完了したら「有効化」をクリックします。

④ 表示を確認する

教室案内ページを再読み込みして、拡大画像の表示を確認しましょう。

ページ全体が暗くなり、拡大画像がふわっと浮き上がって表示されます。

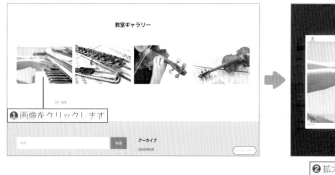

❶画像をクリックします

❷拡大画像が同一ページ内で
表示されます

MEMO ///

Simple Lightbox は特に設定の必要なく機能しますが、「外観」＞「Lightbox」から
細かな設定を行うことが可能です。

固定ページの階層化をマスターしよう

レッスンページを作成する

Lesson 4-1で解説したとおり、固定ページでは関連性のあるページを親子階層に設定することができます。本節では親子階層の機能を利用してレッスンページを作成しましょう。

以前教えていただいた親子階層を使って、レッスン内容の各レッスンページを作成したいです！

ではレッスン内容を親ページとして、それぞれのレッスン内容の子ページを作成しましょう！

親子階層を使う理由

親子階層を利用するケースはさまざまですが、主にページ数が多いWebサイトや、1つのページにまとめるにはボリュームが多すぎる場合などに利用します。

例えば、複数の事業部を持つ会社のWebサイトの場合、事業一覧を親ページとして作成し、各事業の詳細ページを子ページとして設定します。

親子階層にすることでグローバルメニューもすっきりまとまり、閲覧者にとってもわかりやすいサイト構成となります。

サンプルサイトでは、右のとおり親子ページを作成していきます。

図5-3-1 親子階層にすることでグローバルメニューがまとまる

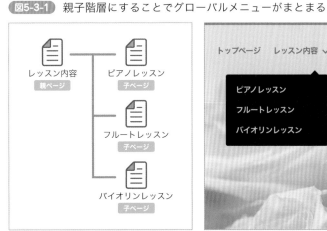

グローバルメニューとは、Webサイト内にあるページに移動するための主要なリンクメニューのことで、すべてのページに共通して表示されます。

親子ページを作成する

① 親ページを作成する

まずは親ページを作成するため「固定ページ」>「新規追加」を開き、タイトルに「レッスン内容」と入力します。内容はあとから編集するため、空白のままにしておきます。

② パーマリンクを設定して公開する

画面右のサイドバーにある文書タブをクリックし、「パーマリンク」を開いて「URLスラッグ」を「lesson」に書き換えて「公開」をクリックします。

MEMO ///

パーマリンクが表示されない場合は、一度「下書き保存」をクリックしてください。

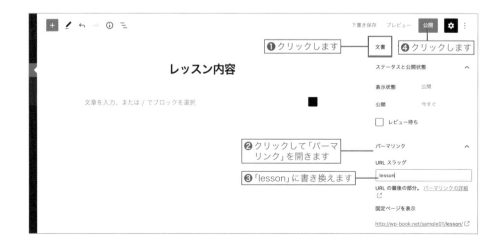

③ 子ページを作成する

次に子ページを作成するため「固定ページ」>「新規追加」を開き、タイトルに「ピアノレッスン」と入力します。内容はあとから編集するため、空白のままにしておきます。

④ パーマリンクとページ属性を設定して公開する

画面右のサイドバーにある文書タブをクリックし、「パーマリンク」を開いて「URLスラッグ」を「piano」に書き換え、「ページ属性」の親ページから「レッスン内容」を選択して「公開」をクリックします。

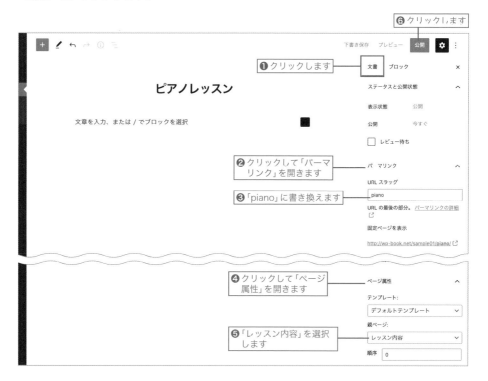

Lesson 5-3

レッスンページを作成する

⑤ 繰り返し追加する

③と④を繰り返し、他の2ページも追加します（設定は次ページを参照）。

ページ名	スラッグ	ページ属性
フルートレッスン	flute	親ページ：レッスン内容
バイオリンレッスン	violin	親ページ：レッスン内容

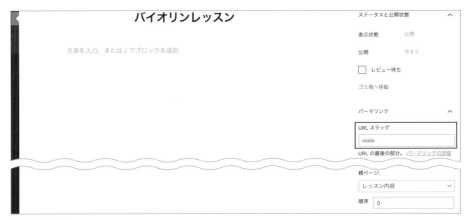

⑥ グローバルメニューを確認する

サイトのグローバルメニューを確認すると「レッスン内容」の下に子階層のページメニューが表示されているのがわかります。

親ページの内容を入力する

親ページには、レッスン全体に共通する内容を掲載します。

① 親ページの編集画面を開く

「固定ページ」＞「固定ペー
ジ一覧」から「レッスン内
容」をクリックします。

② 内容を入力する

レッスンに関する共通する内容を以下のとおり入力します。

ブロック	内容	設定
見出し2	キャッチコピー	中央寄せ
段落	レッスンに関する内容	なし
見出し2	料金表の見出し	中央寄せ
段落	料金に関する内容	なし
テーブル	料金表	カラムを中央寄せ・背景色をピンク

親ページに子ページへのリンクボタンを設置する

親ページから子ページに誘導できるよう、カラムブロックとボタンブロックを利用して子ページへのリンクボタンを設置しましょう。

① カラムブロックを追加する

親ページの ⊞ をクリックして「カラム」ブロックを選択します。

② カラムのパターンを選択する

カラムのパターンから「3カラム：均等割」を選択します。

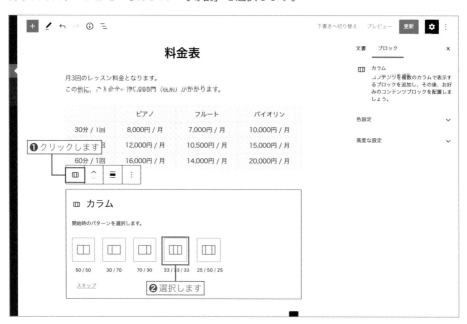

③ ボタンブロックを追加する

カラム内の「＋」をクリックして「ボタン」ブロックを選択します。

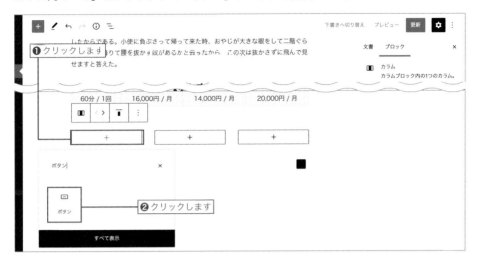

④ ボタンの名称とリンク先を入力する

ボタンに「ピアノレッスン」と入力し、リンクアイコンをクリックして子ページとなるピア
ノレッスンページのURLを入力し、↵アイコンをクリックします。

MEMO ///

リンク先に設定するページのURLは、新しいタブでサイトを開き、ブラウザのアドレスバーからコピーしましょう。

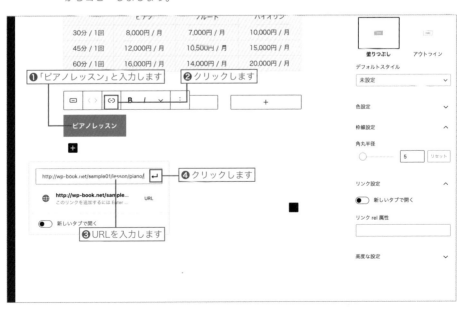

⑤ ボタンのデザインを設定する

角丸のボタンデザインにするため、枠線設定の数値を「50」に設定します。

⑥ 残りのボタンも設定する

❸～❺を繰り返し、他の2ページへのリンクボタンも追加します。

⑦ 更新して確認

「更新」をクリックします。各レッスンボタンをクリックして、レッスン内容のページを開きます。ボタンのリンク先に誤りがないか、確認しましょう。

子ページの内容を入力する

子ページには、サービスごとの詳しい説明などを入力します。

① 親ページの編集画面を開く

「固定ページ」＞「固定ページ一覧」から「ピアノレッスン」をクリックします。

❷ 内容を入力する

ピアノレッスンの内容を以下のとおり入力します。

ブロック	内容	設定
段落	レッスンの詳細	なし
テーブル	コース表	なし

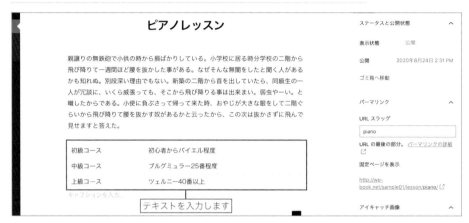

❸ カバーブロックを追加する

文章と表だけでは殺風景なため、段落の下にピアノのイメージ画像をカバー画像として追加します。
段落の下にマウスカーソルを合わせると表示される ⊞ をクリックして「カバー」ブロックを選択します。

④ 画像をアップロードする

「アップロード」をクリックして、画像素材の「007.jpg」をアップロードします。

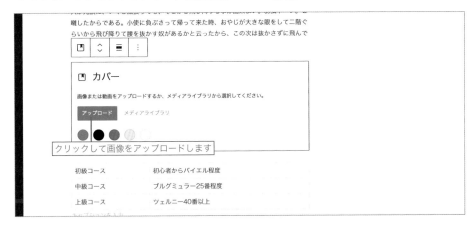

MEMO ///

アップロード済みの画像は「メディアライブラリ」から選択することもできます。

⑤ カバー画像を設定する

カバー画像の中央に「レッスンコース」と入力し、画像を選択したら上部のツールバーのレイアウト設定から「全幅」を選択します。

⑥ 更新して確認

「更新」をクリックして、ピアノレッスンのページを確認しましょう。カバー画像が印象的な
ページが完成しました。

⑦ 繰り返し追加する

①～⑥を繰り返し、他の2ページも作成
しましょう。

ページ名	カバー画像のファイル名
フルートレッスン	008.jpg
バイオリンレッスン	010.jpg

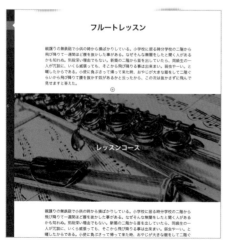

内容に合わせたデザインも簡単

ブロック機能を拡張して ページを作成する

もともと用意されているブロックだけでも魅力的なページが作成できますが、ブロック機能を拡張するプラグインを利用すると、特定のコンテンツに合わせたデザインを簡単に作ることができます。

サイトの見た目が賑やかになってきましたが、もう少し他のデザインパーツも使ってみたいですね。

実はブロック機能を拡張することで、サイト作成に使えるデザインパーツを増やすことができるんです！

さらにサイトデザインのバリエーションが出せますね！ぜひ追加したいです！

Snow Monkey Blocksとは

『**Snow Monkey Blocks**』は、企業やお店のWebサイトでよく見かけるデザインパーツをブロックとして簡単に追加できる便利なプラグインです。

◨**Snow Monkey Blocksに含まれるブロックの一例**

・チェックリスト

・吹き出し

・お客様の声

・FAQ（よくあるご質問）

・スライダー

Snow Monkey Blocksをインストールする

① プラグイン追加画面を開く

「プラグイン」＞「新規追加」を開きます。

② Snow Monkey Blocksをインストール

プラグインの検索フォームに「Snow Monkey Blocks」と入力して「今すぐインストール」
をクリックします。

③ 有効化する

インストールが完了したら「有効化」をクリックします。

入会の流れページを作成する

　企業やお店のWebサイトでは、制作の流れや申し込みの流れなど一連のステップを説明する場面が多くあります。

　サンプルサイトでは、Snow Monkey Blocksのステップブロックを利用して「入会の流れ」というページを作成しましょう。

❶ 固定ページを新規追加する

「固定ページ」＞「新規追加」を開き、タイトルに「入会の流れ」と入力します。

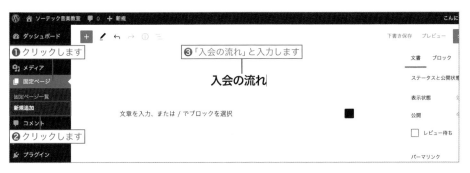

❷ ステップブロックを追加する

➕ をクリックして、「ステップ」ブロックを選択します。

③ ステップのタイトルと内容を入力する

1つめのステップにタイトルと内容を入力します。

④ 繰り返し入力する

2つめ以降のステップは ➕ をクリックして「項目（自由入力）」を追加します。

⑤ パーマリンクを設定して公開する

画面右のサイドバーにある文書タブをクリックし、「パーマリンク」を開いて「URLスラッグ」を「flow」に書き換えて「公開」をクリックします。

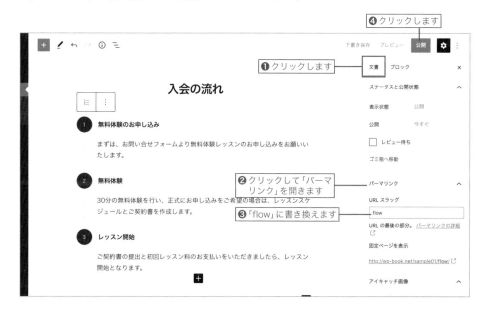

⑥ ページを確認する

入会の流れページを開いて表示を確認すると、ブロックエディターのとおりデザインが反映されていることがわかります。

よくある質問ページを作成する

どのような業種であっても、商品やサービスに関するよくある質問とその回答を掲載するページは、閲覧者にとって非常に有益な情報となります。

サンプルサイトでは、Snow Monkey BlocksのFAQブロックを利用して「よくある質問」というページを作成しましょう。

1 固定ページを新規追加する

「固定ページ」＞「新規追加」を開き、タイトルに「よくあるご質問」と入力します。

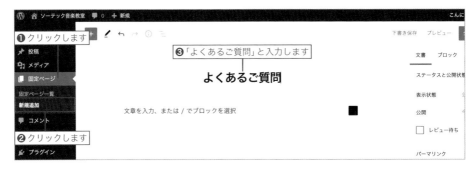

2 FAQブロックを追加する

➕ をクリックして、「FAQ」ブロックを選択します。

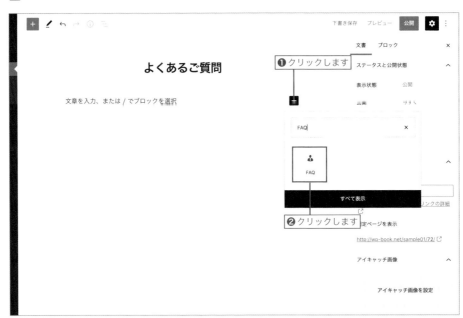

③ FAQの質問と回答を入力する

1つ目のFAQに質問と回答を入力します。入力を終えたら、回答直下にあるブロックの追加
➕アイコンをクリックします。

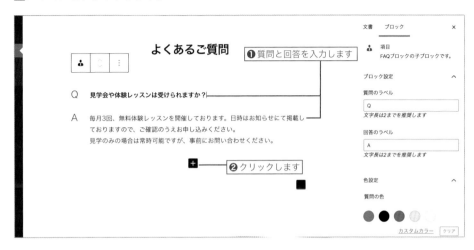

④ 繰り返し入力する

2つ目以降のFAQは入力が終えたら➕アイコンをクリックして追加します。

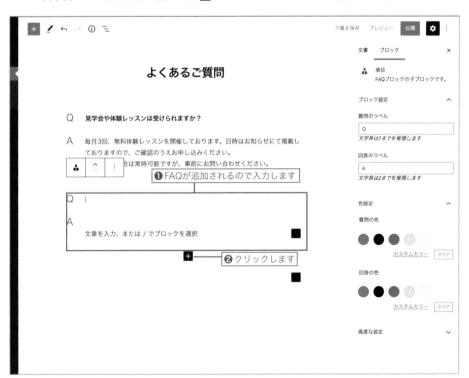

5 パーマリンクを設定して公開する

　画面右のサイドバーにある文書タブをクリックし、「パーマリンク」を開いて「URL スラッグ」を「faq」に書き換えて「公開」をクリックします。

6 ページを確認する

　よくあるご質問ページを開いて表示を確認すると、ブロックエディターのとおりデザインが反映されていることがわかります。

よくある質問が多い場合は……

よくある質問の数が多い場合や回答が長くなるような場合は、FAQブロックよりもアコーディオンブロックを利用したほうが質問がすっきり見やすくなります。

1 アコーディオンブロックを追加する

➕をクリックして、「アコーディオン」ブロックを選択します。

2 FAQの質問と回答を入力する

アコーディオンのタイトルに質問を、その下に回答を入力します。

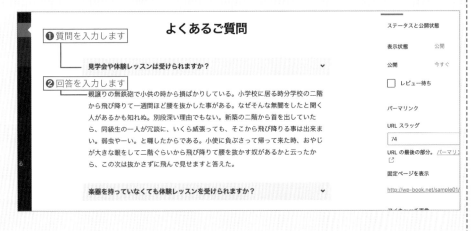

次ページへつづく

Lesson 5-4 ブロック機能を拡張してページを作成する

③ ページを確認

ページを確認すると質問のみが一覧で表示され、質問をクリックすると回答が表示されることがわかります。

MEMO //

アコーディオンとは、開いたり閉じたりできるという意味です。

Chapter 6

問い合わせページを
作ろう

Webサイトの訪問者への問い合わせ窓口
となるページに、メールフォームを設置す
る方法を解説します。

プラグインを使えば簡単

メールフォームを作成する

Webサイトへの訪問者から問い合わせを受けるためのメールフォームを作成します。手順が若干多くなりますが、難しい知識は必要ありません。大切な窓口となるため頑張って作成しましょう。

サイトの訪問者から、記載内容に関しての意見を聞いてみたいのですが、そういった機能はありますか？

それならサイトの問い合わせ窓口である「メールフォーム」を作成しましょう！ サイトの訪問者とコミュニケーションを取るのに役立つはずです。

メールフォームとは

「メールフォーム」とは、Webページ上のフォームからメールを送信できる機能のことで、Webサイトを訪れた人がWebサイト運営者とコンタクトを取るための窓口として利用されます。

Webページにメールアドレスを掲載するだけでもコンタクトを取ることは可能ですが、入力項目がきちんと用意されているメールフォームのほうが記載漏れを防ぐことができます。

最近はLINEやSNSのアカウントを窓口とするケースも増えていますが、こうしたサービスを利用していないユーザーもいるため、メールフォームが設置されていたほうが親切です。

Contact Form 7をインストールする

メールフォームを自作する場合はプログラミングやサーバーの知識が必要となりますが、WordPressならプラグインを使って簡単に作成することができます。

本書では、数あるメールフォームプラグインの中で最もメジャーな『Contact Form 7』を利用して作成していきます。

1 プラグイン追加画面を開く

「プラグイン」＞「新規追加」を開きます。

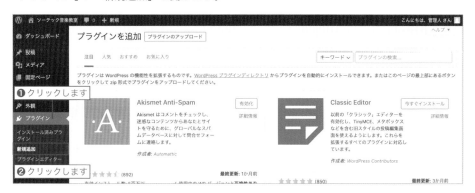

2 Contact Form 7をインストール

プラグインの検索フォームに「Contact Form 7」と入力して「今すぐインストール」をクリックします。

3 有効化する

インストールが完了したら「有効化」をクリックします。

メールフォームを作成する

Contact Form 7をインストールすると、左の管理メニューに「お問い合わせ」という項目が追加されます。

1 コンタクトフォームを新規追加する

「お問い合わせ」＞「新規追加」を開き、タイトルに「お問い合わせフォーム」と入力します。

2 見本のフォームを削除する

あらかじめ見本のフォームが用意されていますが、すべて削除します。

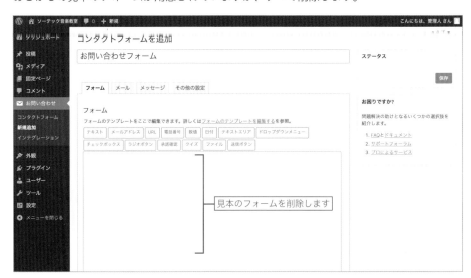

③ お名前の項目を追加する

編集画面に「お名前（必須）」と入力して改行し、「テキスト」をクリックします。

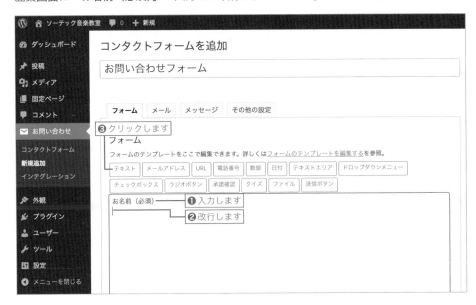

④ お名前のフォームを設定する

フォームの設定画面が表示されたら「必須項目」にチェックを入れ、「名前」を「your-name」に書き換え、「タグを挿入」をクリックします。

⑤ メールアドレスの項目を追加する

お名前タグの下を1行空け「メールアドレス（必須）」と入力して改行し、「メールアドレス」
をクリックします。

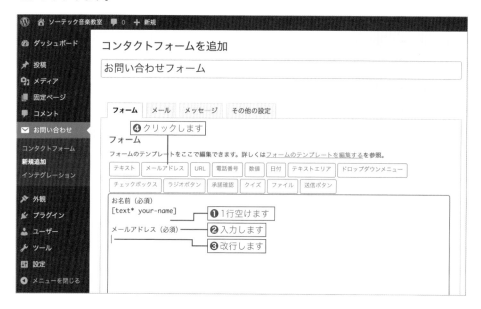

⑥ メールアドレスのフォームを設定する

フォームの設定画面が表示されたら「必須項目」にチェックを入れ、「名前」を「your-email」
に書き換え、「タグを挿入」をクリックします。

7 電話番号の項目を追加する

メールアドレスタグの下を1行空け「電話番号（必須）」と入力して改行し、「電話番号」を
クリックします。

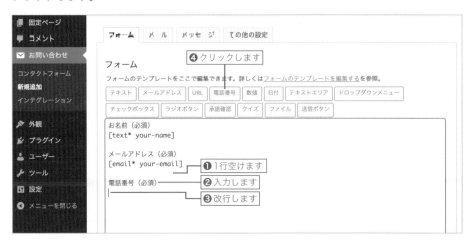

MEMO

メールが届かない場合を想定し、メール以外の連絡手段として電話番号の項目を設けてお
きましょう。

8 電話番号のフォームを設定する

フォームの設定画面が表示されたら「必須項目」にチェックを入れ、「名前」を「your-tel」
に書き換え、「タグを挿入」をクリックします。

⑨ ご用件の項目を追加する

電話番号タグの下を1行空け「ご用件（必須）」と入力して改行し、「ラジオボタン」をクリックします。

⑩ ご用件のフォームを設定する

フォームの設定画面が表示されたら「名前」を「your-subject」に書き換え、「オプション」に右のテキストを入力し、「個々の項目を label 要素で囲む」にチェックを入れて「タグを挿入」をクリックします。

●オプション

ご入会について
無料体験レッスンについて
その他のお問い合わせ

⑪ お問い合わせ内容の項目を追加する

ご用件タグの下を1行空け「お問い合わせ内容（必須）」と入力して改行し、「テキストエリア」をクリックします。

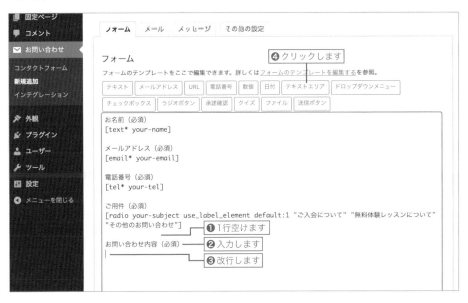

⑫ お問い合わせ内容のフォームを設定する

フォームの設定画面が表示されたら「必須項目」にチェックを入れ、「名前」を「your-message」に書き換え、「タグを挿入」をクリックします。

⑬ 送信ボタンを追加する

入力項目が設定し終わったら、最後に送信ボタンを設置します。
お問い合わせ内容タグの下を1行空け、「送信ボタン」をクリックします。

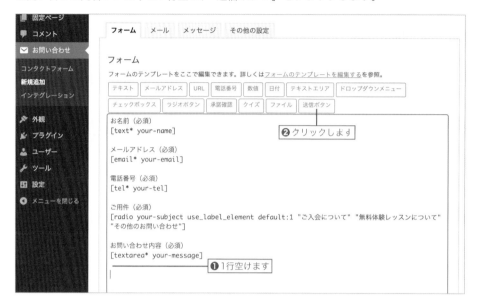

⑭ 送信ボタンを設定する

フォームの設定画面が表示されたら「ラベル」に「送信する」と入力し、「タグを挿入」をクリックします。

⑮ 保存する

「保存」をクリックしてメールフォームを保存します。

Lesson 6-2

メールフォームを表示させるために

お問い合わせページを作成する

メールフォームを作成しただけでは表示を確認することができません。本節ではメールフォームを表示させるためのお問い合わせページを作成しましょう。

メールフォームも完成したので、これでサイトの訪問者とコミュニケーションをとることができますね。

実はまだ完成ではないんです…。作成したメールフォームを表示させるためのページが必要です。これから教える手順でページを作成していきましょう。

ショートコードをコピーする

お問い合わせページを作る前に、Lesson 6-1 で作成したメールフォームのショートコードをコピーします。

「お問い合わせ」＞「コンタクトフォーム」を開き、お問い合わせフォームのショートコードを選択してコピーします。

図601 お問い合わせフォームのショートコードをコピーする

お問い合わせページを作成する

① 固定ページを追加する

「固定ページ」＞「新規追加」を開き、タイトルに「お問い合わせ」と入力します。

② 本文を入力する

段落ブロックでお問い合わせに関する本文を入力します。

③ ショートコードブロックを追加

本文の下に「ショートコード」ブロックを追加します。

④ ショートコードを貼り付け

ショートコードブロックに、お問い合わせフォームのショートコードを貼り付けます。

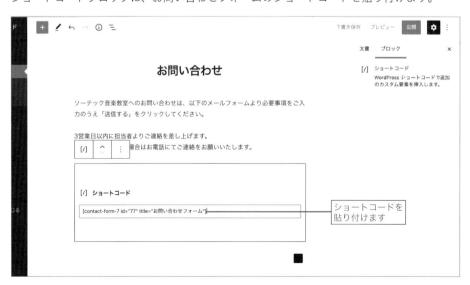

⑤ パーマリンクを設定して公開する

画面右のサイドバーにある文書タブをクリックし、「パーマリンク」を開いて「URLスラッグ」を「contact」に書き換えて「公開」をクリックします。

⑥ ページを確認する

お問い合わせページを開くと、Lesson 6-1 で作成したメールフォームが表示されていることがわかります。

お問い合わせ

ソーテック音楽教室へのお問い合わせは、以下のメールフォームより必要事項をご入力のうえ「送信する」をクリックしてください。

3営業日以内に担当者よりご連絡を差し上げます。
万が一、返信がない場合はお電話にてご連絡をお願いいたします。

お名前（必須）

メールアドレス（必須）

電話番号（必須）

ご用件（必須）
　◉ ご入会について　○ 無料体験レッスンについて　○ その他のお問い合わせ

お問い合わせ内容（必須）

送信する

Lesson 6-3

メールフォームに合わせて編集しよう

自動送信メールを設定する

作成したメールフォームからテスト送信を行い、メールフォームから届く管理者宛メールと、送信者への自動返信メールを設定しましょう。

> 自動送信やメールの定形文を作成することで、レスポンスと効率性を向上させましょう！

> そうすれば、より多くの訪問者の問い合わせに対応することができますからね。了解です！

テスト送信をする

メールフォームを作成したら、動作確認のため必ずテスト送信を行いましょう。必須項目を入力して「送信する」をクリックします。

テスト送信の際は、必ず自分のメールアドレスを入力してください。

図6-3-1 項目を入力して「送信する」をクリック

お問い合わせ

ソーテック音楽教室へのお問い合わせは、以下のメールフォームより必要事項をご入力のうえ「送信する」をクリックしてください。

3営業日以内に担当者よりご連絡を差し上げます。
万が一、返信がない場合はお電話にてご連絡をお願いいたします。

❶項目を入力します

お名前（必須）

　佐々木恵

メールアドレス（必須）

　info@example.com

電話番号（必須）

　000-0000-0000

ご用件（必須）

　◉ ご入会について　　◯ 無料体験レッスンについて　　◯ その他のお問い合わせ

お問い合わせ内容（必須）

　これはテスト送信です。
　これはテスト送信です。
　これはテスト送信です。

送信する　　❷クリックします

図6-3-2 送信が完了するとメッセージが表示される

エラー表示を確認する

必須項目をあえて空の
状態で送信ボタンを押し
てみたり、エラーの際の
動作も確認しておきましょう。

図6-3-3 未入力項目があるとエラーメッセージが表示される

メールを確認する

送信されたメールはWordPressをインストールした際に設定したメールアドレス宛に届きます。

以下のようなメールが届いているか確認してみましょう。

図6-4-4 お名前、メールアドレス、ご用件、お問い合わせ内容が掲載されたメールが届く

ソーテック音楽教室 "ご入会について"

ソーテック音楽教室
📑 To info ▾

差出人: 佐々木恵
題名: ご入会について

メッセージ本文:
これはテスト送信です。
これはテスト送信です。
これはテスト送信です。

--
このメールは ソーテック音楽教室 (http://wp-book.net/sample) のお問い合わせフォームから送信されました

MEMO //

メールが届いていない場合は、メールソフトの迷惑メールフォルダを確認しましょう。それでも見つからない場合は、設定したメールアドレスに誤りがある可能性があります。WordPressの管理画面から「設定」＞「一般」を開きメールアドレスを確認してください。

MEMO //

レンタルサーバーの試用期間中は、メールの送受信機能が使えない場合があります。レンタルサーバーに本契約してからテスト送信を試みてください。

Webページを公開する前に「プレビュー」を行ったように、テスト送信も必ず行いましょう！

送信メールを設定する

メールフォームから送信されるメールは自由にカスタマイズすることができます。初期設定では電話番号が表示されていないため、送信メールの内容を編集しましょう。

① フォーム編集画面を開く

「お問い合わせ」＞「コンタクトフォーム」を開き、「お問い合わせフォーム」をクリックします。

② メール編集画面を開く

上部のタブから「メール」タブをクリックして開きます。

③ メッセージ本文を編集する

メッセージ本文を以下のように編集します。

編集前

メッセージ本文	差出人: [your-name] <[your-email]> 題名: [your-subject] メッセージ本文: [your-message] -- このメールは ソーテック音楽教室 (http://wp-book.net/sample) のお問い合わせフォームから送信されました

編集後

メッセージ本文	お名前: [your-name] 様 <[your-email]> ご用件: [your-subject] 電話番号: [your-tel] お問い合わせ内容: [your-message] -- このメールは ソーテック音楽教室 (http://wp-book.net/sample) のお問い合わせフォームから送信されました

●メッセージ本文

お名前： [your-name] 様 <[your-email] >
ご用件： [your-subject]
電話番号：[your-tel]

お問い合わせ内容：
[your-message]

POINT ○ ○ ○ ○ ○ ○ ○ ○ ○ ○

メールタグのしくみ

[]で括られているのはメールフォームを作成したときのタグです。このタグを入力することで、送信者がフォームに入力した内容が表示されるしくみになっています。

例えば、[your-name]には「お名前」のフォームに入力された文字が表示されます。

❹ 保存する

「保存」をクリックします。

> MEMO //
>
> 送信先、送信元、題名などは必要に応じて編集してください。

❺ 再度テスト送信をする

お問い合わせページを再読み込みして、もう一度テスト送信してみましょう。
お名前のあとに「様」がつき、項目名がフォーム名と一致し、電話番号の表示も追加されていることが確認できます。

ソーテック音楽教室 "その他のお問い合わせ"

ソーテック音楽教室
📧 Tu info ▾

お名前: 佐々木恵 様
ご用件: その他のお問い合わせ
電話番号：000-0000-0000

お問い合わせ内容:
テスト送信です。
テスト送信です。
テスト送信です。

--
このメールは ソーテック音楽教室 (http://wp-book.net/sample) のお問い合わせフォームから送信されました

内容と設定の確認のために、メール送信のテストは入念に行いましょう！

自動返信メールを設定する

ここまでは管理者宛の送信メールを設定しましたが、送信者にも自動返信メールが届くように設定をしましょう。

1 フォーム編集画面を開く

「お問い合わせ」＞「コンタクトフォーム」を開き、「お問い合わせフォーム」をクリックします。

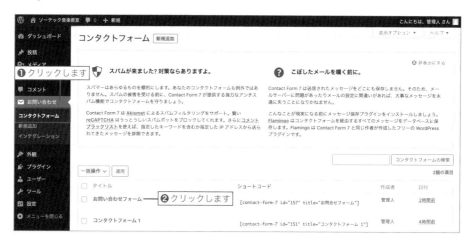

2 メール編集画面を開く

上部のタブから「メール」タブをクリックして開きます。

❸「メール（2）を使用」にチェックを入れる

ページの下の方にある「メール（2）を使用」にチェックを入れます。

❹ メッセージ本文を編集する

メッセージ本文を以下のように編集します。

編集前

メッセージ本文	メッセージ本文: [your-message] -- このメールは ソーテック音楽教室 (http://wp-book.net/sample) のお問い合わせフォームから送信されました

編集後

メッセージ本文	[your-name] 様
	この度は、ソーテック音楽教室のWebサイトよりお問い合わせいただき、誠にありがとうございます。
	このメールは自動返信メールです。 3営業日以内に担当者よりご連絡差し上げますので、今しばらくお待ちください。
	以下、送信いただいた内容の控えとなります。
	お名前：[your-name] 様 メールアドレス：[your-email] 電話番号：[your-tel] ご用件：[your-subject] お問い合わせ内容： [your-message]
	--

●メッセージ本文

[your-name] 様

この度は、ソーテック音楽教室の Web サイトよりお問い合わせいただき、誠にありがとうございます。

このメールは自動返信メールです。
3 営業日以内に担当者よりご連絡差し上げますので、今しばらくお待ちください。

以下、送信いただいた内容の控えとなります。

お名前：[your-name] 様
メールアドレス：[your-email]
電話番号：[your-tel]
ご用件：[your-subject]
お問い合わせ内容：
[your-message]

5 保存する

「保存」をクリックします。

MEMO

送信先、送信元、題名などは必要に応じて編集してください。

⑥ 再度テスト送信をする

お問い合わせページを再読み込みして、もう一度テスト送信してみましょう。
管理者宛と送信者宛の2通のメールが確認できます。

ソーテック音楽教室 "ご入会について"

ソーテック音楽教室

佐々木恵 様

この度は、ソーテック音楽教室のWebサイトよりお問い合わせいただき、誠にありがとうございます。

このメールは自動返信メールです。
3営業日以内に担当者よりご連絡差し上げますので、今しばらくお待ちください。

以下、送信いただいた内容の控えとなります。

お名前：佐々木恵 様
メールアドレス
電話番号：000-0000-0000
ご用件：ご入会について
お問い合わせ内容：
テスト送信です。
テスト送信です。
テスト送信です。

--
このメールは ソーテック音楽教室 (http://wp-book.net/sample) のお問い合わせフォームから送信されました

Lesson 6-4

個人情報の取り扱いについて明記する

プライバシーポリシーページを作成する

Webサイトにメールフォームやアクセス解析を設置するなど、閲覧者の個人情報を収集する機能がある場合は、個人情報保護方針を掲載しておきましょう。

> サイトの分析等でサイト訪問者の個人情報を取り扱うことがあります。問題にならないように、「プライバシーポリシー」を規定し、サイトに掲載しておきましょう。

> 閲覧者とのトラブルを避けるためにも、ポリシーを作成し、サイトに掲載しておきますね。

プライバシーポリシーとは

「**プライバシーポリシー**」とは、Webサイトから収集した個人情報の取り扱いについて明文化したものです。

プライバシーポリシーの掲載は法律上の義務ではありませんが、できるだけ明記していたほうが望ましいです。個人情報の取り扱いについて考える、よい機会にもなるでしょう。

個人情報保護方針は各企業によって定めるべきものであるため、本書では具体的な文例については触れませんが、以下のような項目について掲載するのが一般的です。

自社で内容の判断が難しい場合は、弁護士への相談を検討してみましょう。

◢ プライバシーポリシーに掲載する一般的な項目

- 個人情報の取得方法
- 個人情報の管理方法
- 個人情報の第三者提供について
- 個人情報の取扱いに関する連絡先
- 個人情報の利用目的
- 個人情報の共同利用について
- 個人情報の開示、訂正等について

プライバシーポリシーページを作成する

WordPressをインストールすると、プライバシーポリシー用の固定ページが下書き状態で自動生成されます。プライバシーポリシーを掲載する場合は、このページを編集して公開しましょう。

① 編集画面を開く

「固定ページ」>「固定ページ一覧」を開き、「プライバシーポリシー」をクリックします。

② 内容を編集する

編集画面を開くと掲載例があらかじめ入力されているため、企業やWebサイトの内容に合わせて編集します。
編集画面の上部にはプライバシーポリシーガイドへのリンクもあるので、参考にしてみるとよいでしょう。

③ 公開する

内容が完成したら「公開」をクリックし、ページを確認しましょう。

Sotech Music School
ピアノ・バイオリン・フルートの個人レッスン教室

お問い合わせ　お知らせ　トップページ　プライバシーポリシー　よくあるご質問　レッスン内容 ∨

入会の流れ　教室案内　　検索

プライバシーポリシー

私たちについて

私たちのサイトアドレスは http://wp-book.net/sample です。

このサイトが収集する個人データと収集の理由

コメント

訪問者がこのサイトにコメントを残す際、コメントフォームに表示されているデータ、そしてスパム検出に役立てるための IP アドレスとブラウザーユーザーエージェント文字列を収集します。

メールアドレスから作成される匿名化された (「ハッシュ」とも呼ばれる) 文字列は、あなたが Gravatar サービスを使用中かどうか確認するため同サービスに提供されることがあります。同サービスのプライバシーポリシーは https://automattic.com/privacy/ にあります。コメントが承認されると、プロフィール画像がコメントとともに一般公開されます。

メディア

サイトに画像をアップロードする際、位置情報 (EXIF GPS) を含む画像をアップロードするべきではありません。サイトの訪問者は、サイトから画像をダウンロードして位置データを抽出することができます。

お問い合わせフォーム

ページトップへ↑

MEMO //

プライバシーポリシーは表面的に記載するだけでなく、その内容を遵守することが大切です。記載されている内容が守られていない場合、トラブルになるケースもあるため注意しましょう。

Chapter 7

トップページを
仕上げよう

Webサイトの顔となるトップページの構
成を、具体的な作り方とともに解説しま
す。

Lesson 7-1　トップページの役割って？

トップページの構成を考えよう

Webサイトのトップページは、雑誌に例えると表紙と目次のような役割があります。どんな人をターゲットとしているのかが伝わり、見てほしいページに誘導できる構成にしましょう。

いよいよトップページですね！ 早く作りたくてうずうずしていました。

そうですよね。トップページから作りたくなる気持ちはよくわかります。本節では、最後に作る理由と構成について説明しますね。

▌トップページを最後に作る理由

　　Webサイトを作り始めるとき、多くの人がWebサイトの顔となるトップページから手を付けたくなるものです。しかし、他のページを作成してから最後にトップページを仕上げたほうが構成を考えやすく、他のページへのリンクを貼り付ける際にもURLが決まっているため手戻りが少ないというメリットがあります。

▌一般的なトップページの構成

　　お店や企業のWebサイトにおけるトップページでは、どんな商品やサービスを提供しているのかを直感的に伝え、閲覧者が必要としている情報にうまく誘導できることが重要です。具体的には以下のような内容を掲載するのが一般的です。

　　サンプルサイトも同様にトップページを作成していきます。

スライドショーや大きな画像

お店のWebサイトであれば店内や商品の画像を使ってお店のイメージを伝えたり、企業であれば事業内容を表す画像やキャッチコピーなどを掲載します。

PR文

お店のコンセプトや企業としての強みなどを、わかりやすい見出しと短くまとめた文章で掲載します。

主要ページへのリンク

商品やサービス、事業内容などといった主要ページへのリンクを掲載します。

新着情報

お知らせや活動報告などの新着情報を掲載します。

図7-1-1 一般的なトップページの構成

Lesson **7-1**

トップページの構成を考えよう

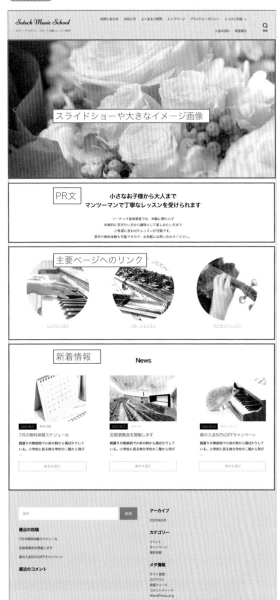

Webサイトの第一印象を左右する

スライドショーを設置する

トップページの中でもスクロールせずに目に入る部分を「ファーストビュー」と呼び、第一印象を左右する大切な部分となります。ここにはWebサイトのイメージを伝えるスライドショーを設置しましょう。

最初に大きな画像が目に入ると印象的ですよね！ でも、スライドショーの設置って難しそうなイメージです…。

安心してください。プラグインを使えば、スライドショーも簡単に作成できます！

Smart Slider 3をインストールする

　スライドショーを自作する場合はプログラミングの知識が必要となりますが、WordPressならプラグインを使って簡単に作成することができます。

　本書では、『Smart Slider 3』というプラグインを利用して作成していきます。

① プラグイン追加画面を開く

「プラグイン」＞「新規追加」を開きます。

② Smart Slider 3をインストール

プラグインの検索フォームに「Smart Slider 3」と入力して「今すぐインストール」をクリックします。

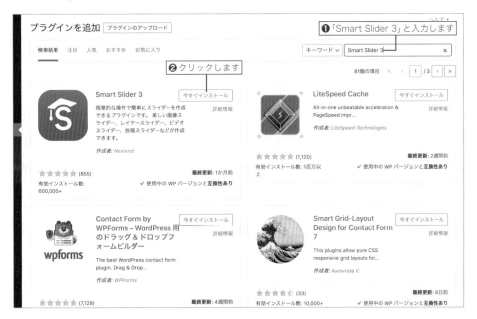

③ 有効化する

インストールが完了したら「有効化」をクリックします。

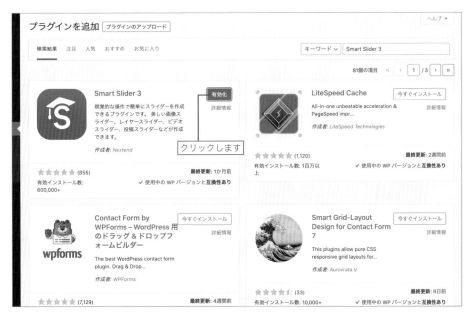

スライドショーを作成する

　Smart Slider 3をインストールすると、管理画面の左のメインナビゲーションに「Smart Slider」という項目が追加されます。

① スライドショーを新規追加する

「Smart Slider」を開き、「GO TO DASHBOARD」をクリックします。

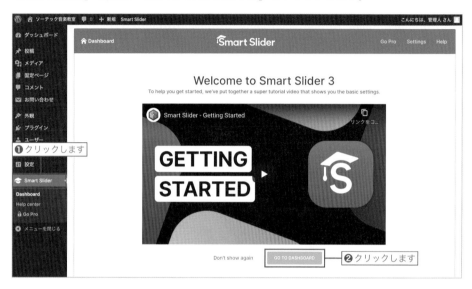

② スライドを追加する

「NEW PROJECT」をクリックし、ポップアップが表示されたら「Create a New Project」をクリックします。

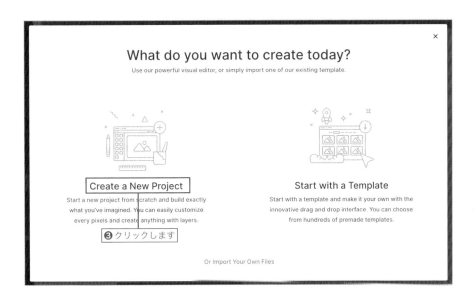

❸ スライド名とサイズを設定する

「Name」に「トップページ用スライド」と入力し、Widthを「1400」px、Heightを「700」pxに設定して「CREATE」をクリックします。

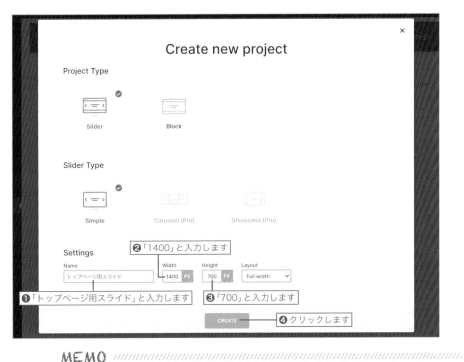

MEMO //

スライドショーのサイズは、アップロードする画像サイズに合わせます。

④ 画像を設定する

「ADD SLIDE」をクリックし、「Image」をクリックします。

画像素材の004.jpg〜006.jpgをアップロードして「選択」をクリックします。

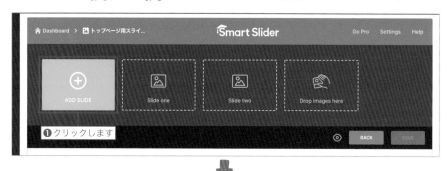

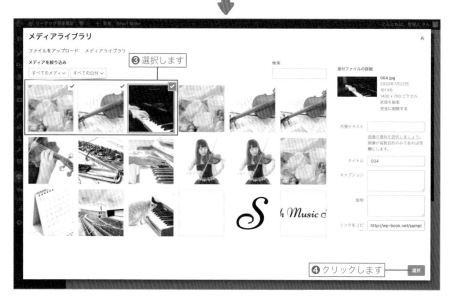

❺ アニメーションを設定する

「Animations」タブをクリックして、スライドショーの切り替えアニメーションを変更します。初期状態では左右にスライドして切り替わりますが、画像がふわっと切り替わる「Fade」にするため「Main Animation」から「Fade」を選択します。

❻ スライドショーのオートプレイを有効にする

スライドショーが自動で動くよう設定するため、「Autoplay」タブをクリックして、Autoplayのスイッチをクリックして有効（緑色で有効）にしましょう。

7 保存する

「SAVE」をクリックして保存します。

トップページにスライドショーを設置する

「Smart Slider 3」で作成したスライドショーをトップページに設置します。

1 トップページの編集画面を開く

「固定ページ」＞「固定ページ一覧」を開き、「トップページ」をクリックします。

MEMO ///
Lesson 5-1で仮に入力したコンテンツは削除しましょう。

② Smart Slider 3ブロックを追加する

➕をクリックして「Smart Slider 3」ブロックを選択します。

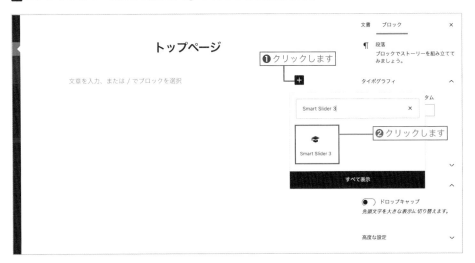

③ スライドを選択する

「SELECT SLIDER」をクリックし、「トップページ用スライド」を選択して「INSERT」を
クリックします。

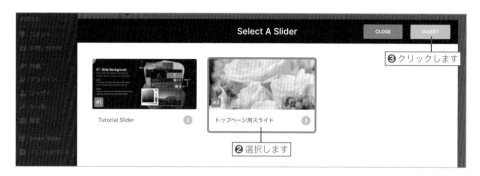

❸ クリックします

❷ 選択します

④ 更新して確認

「更新」をクリックして、トップページを表示してみましょう。

画面幅いっぱいにスライドショーが表示されていることが確認できます。

クリックします

Lesson 7-3

ブロックエディターでレイアウトも簡単

トップページのコンテンツを作成する

スライドショーの下にトップページのコンテンツを作成し、新着の表示設定をしましょう。

スライドショーを設置したら、一気にトップページらしくなってきました！

あとはブロックエディターを活用してレイアウトしていきましょう。トップページの完成まであと少しです！

PR文を掲載する

見出しブロックと段落ブロックを使って、音楽教室のPR文を掲載します。

❶ 見出しを追加する

トップページのスライドショーの下に見出しブロックを追加して見出し文を入力し、中央寄せに配置します。

❷見出しを入力して中央寄せに設定します

小さなお子様から大人まで
マンツーマンで丁寧なレッスンを受けられます

❶見出しブロックを追加します

② 段落ブロックを追加する

段落ブロックを追加してPR文を入力し、中央寄せに配置します。

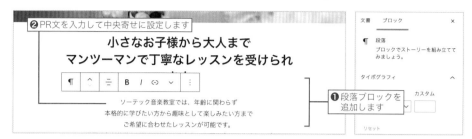

主要ページへのリンクを掲載する

カラムブロックと画像ブロックを使って、主要ページへのリンクを設置します。

① カラムブロックを追加する

カラムブロックを追加して「3カラム：均等割」を選択します。

② 画像を追加する

カラムの中に画像ブロックを追加し、以下の画像とキャプションを入力して中央寄せにします。

画像	キャプション
008.jpg	ピアノレッスン

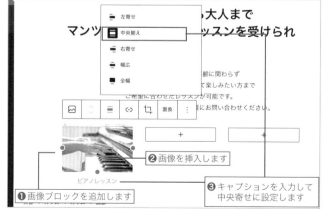

❸ 画像のスタイルを設定する

画像を選択した状態で、画面右のサイドバーの「ブロック」タブの「スタイル」を開き「角丸」を選択し、画像のサイズは「中」を選択します。

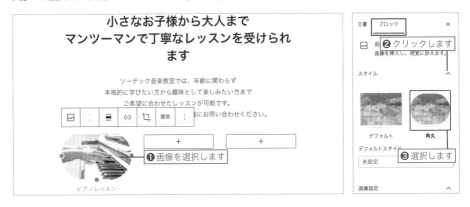

次に、画像上部のツールバーから「切り抜き」をクリックし「正方形」を選択して「適用」をクリックします。

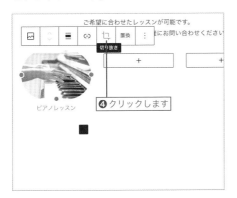

❹ リンクを設定する

画像とキャプションを選択し、それぞれにピアノレッスンページへのリンクを設定します。

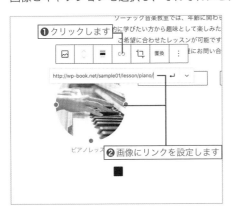

❺ 繰り返し追加する

❷〜❹を繰り返し、以下のとおり画像ブロックを追加します。

画像	キャプション	配置	スタイル	リンク先
008.jpg	フルートレッスン	中央寄せ	角丸	フルートレッスンのページURL
009.jpg	バイオリンレッスン	中央寄せ	角丸	バイオリンレッスンのページURL

❻ 更新する

「更新」をクリックして変更を保存します。

NEWSの表示設定をする

「Primer of WP」テーマではトップページのコンテンツ下に投稿の新着を表示させることができます。カスタマイザーから表示設定をしましょう。

❶ カスタマイザーを開く

「外観」>「カスタマイズ」を開きます。

2 テーマオプションを開く

「テーマオプション」を開きます。

❸ リスト型のチェックを外す

初期状態では2種類の新着が表示されていますが、どちらかの表示のみを選択することができます。

サンプルではアイキャッチ画像つきの「カード型」で表示させるため、「リスト型」のチェックを外します。

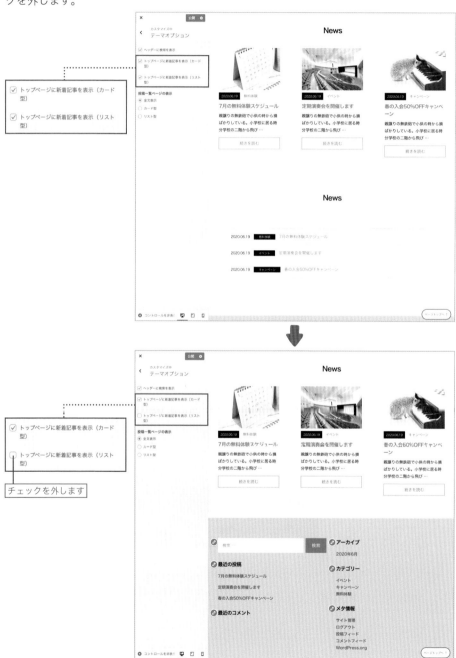

❹ 公開する

「公開」をクリックし
てトップページを確
認しましょう。

投稿一覧ページの表示も設定可能

カスタマイザーでのテーマオプションでは、Lesson 5-1 で設定した投稿一覧ページも「カード型」や「リスト型」の表示に変更することができます。

Chapter 8

共通パーツを設定しよう

全ページ共通で表示されるヘッダーやフッ
ターを設定して、Webサイトの仕上げを
しましょう。

Lesson 8-1　メニュー機能を使いこなそう

ナビゲーションメニューを設定する

Webサイトへの訪問者がスムーズに目的のページに移動できるよう、ナビゲーションメニューを設定しましょう。

固定ページを追加するたびに自動的にメニューが表示されますが、好きな順に並び替えたりできるのですか？

はい！　並び順だけでなく、メニューの項目なども自由に設定できますよ。

ナビゲーションメニューとは

「ナビゲーションメニュー」 とは、Webサイトを訪れた人がスムーズに目的のページに移動できるよう設置されたリンクメニューのことです。ナビゲーションメニューは主に、ヘッダーやフッターといった全ページの共通部分に設置されます。

WordPressにはメニューを簡単に設定できる機能があり、テーマによって設置できる位置や種類は異なります。

「Primer of WP」テーマで設定できるメニュー一覧

デスクトップ水平メニュー

パソコンなど画面幅1000px以上の場合、ヘッダーに横並びで表示されます。

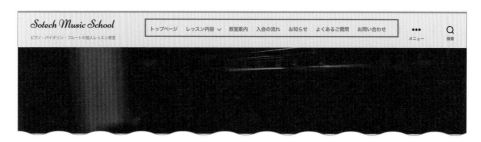

デスクトップ展開メニュー

パソコンなど画面幅999px以下の場合、ヘッダーの「…」をクリックすると画面右側から開いて表示されます。ページ数が多く「デスクトップ水平メニュー」に収まり切らない場合などに使用します。設定しなければ何も表示されません。

モバイルメニュー

タブレットやスマートフォンなど画面幅999px以下の場合、「…」をクリックすると画面上部から開いて表示されます。

フッターメニュー

画面幅に関係なく、フッター部分に表示されます。

パソコンなど画面幅1000px以上の場合は横並び、タブレットやスマートフォンなど画面幅999px以下の場合は縦並びで表示されます。

図8-1-1 デスクトップでの表示

図8-1-2
スマートフォンでの表示

ソーシャルメニュー

フッター部分にSNSアカウントへのリンクがアイコンで表示されます。

モバイルではフッターのほか、モバイルメニューの下にも表示されます。

グローバルメニューを設定する

ナビゲーションメニューのなかでもサイトの上部に表示されるメニューのことを**「グローバルメニュー」**といい、主要ページへの大切な導線となります。

初期状態では、作成した固定ページが自動で表示されるしくみになっていますが、任意の項目や並び順に変更するため、設定を行いましょう。

図8-1-3 作成した固定ページが自動で表示されている

① メニューを作成する

「外観」>「メニュー」を開き、メニュー名に「global」と入力し、「メニューを作成」をクリックします。

② メニュー項目を選択する

メニュー項目の固定ページの中から「すべて表示」タブを開き、「プライバシーポリシー」以外のすべてにチェックを入れ「メニューに追加」をクリックします。

③ 並び順を変更する

メニューに項目が追加されたら、ドラッグ＆ドロップで並び順を以下のとおり変更します。

・トップページ
・レッスン内容
・ピアノレッスン
・フルートレッスン
・バイオリンレッスン
・教室案内
・入会の流れ
・お知らせ
・よくあるご質問
・お問い合わせ

④ 階層化する

各レッスンページを「レッスン内容」の子階層として表示させるため、「ピアノレッスン」「フルートレッスン」「バイオリンレッスン」をドラッグ＆ドロップで右側にずらします。

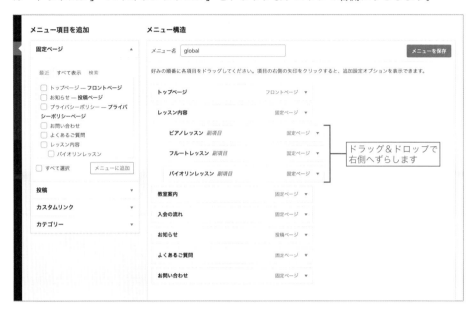

⑤ メニューの位置を設定して保存

「メニューの位置」にある「デスクトップ水平メニュー」と「モバイルメニュー」にチェックを入れて「メニューを保存」をクリックします。

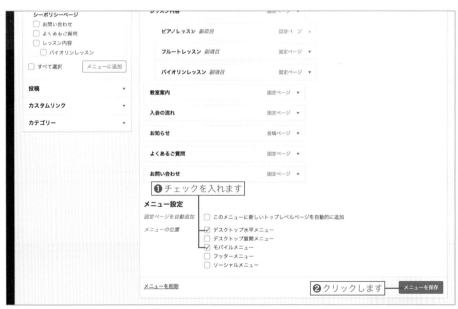

6 **サイトを確認する**

サイトを確認すると、設定したとおりの項目と並び順でメニューが表示されていることがわかります。

フッターメニューを設定する

　次にサイトの下部に表示されるフッターメニューを設定します。フッターメニューの使い方はサイトによってさまざまで、全ページへのリンクを設置するケースもあれば、主要ではないページのリンクのみを設置するケースもあります。

　サンプルサイトでは、親ページのみを設置しましょう。

1 **メニューを追加する**

「外観」＞「メニュー」を開き、「新しいメニューを作成しましょう」をクリックします。

② メニューを作成する

「メニュー名」に「footer」と入力し、「メニューを作成」をクリックします。

③ メニュー項目を選択する

メニュー項目の固定ページの中から「すべて表示」タブを開き、子ページ以外のすべてにチェックを入れ「メニューに追加」をクリックします。

4 並び順を変更する

メニューに項目が追加されたら、ドラッグ＆ドロップで並び順を以下のとおり変更します。

・トップページ
・レッスン内容
・教室案内
・入会の流れ
・お知らせ
・よくあるご質問
・お問い合わせ
・プライバシー
　ポリシー

5 メニューの位置を設定して保存

「メニューの位置」にある「フッターメニュー」にチェックを入れて「メニューを保存」をクリックします。

⑥ サイトを確認する

サイトを確認すると、フッター部分に設定したとおりの項目と並び順でメニューが表示されていることがわかります。

ソーシャルメニューを設定する

　　ソーシャルメニューには、自分または自社のSNSアカウントへのリンクを設定します。SNSを使って情報発信している場合は、アカウントの存在を認知してもらうために設置しましょう。

① メニューを追加する

「外観」＞「メニュー」を開き、「新しいメニューを作成しましょう」をクリックします。

② メニューを作成する

「メニュー名」に「social」と入力し、「メニューを作成」をクリックします。

③ メニュー項目を選択する

メニュー項目から「カスタムリンク」を開き、ソーシャルアカウントのURLとSNS名を入力し、「メニューに追加」をクリックします。

複数種のSNSアカウントがある場合には、繰り返し追加します。

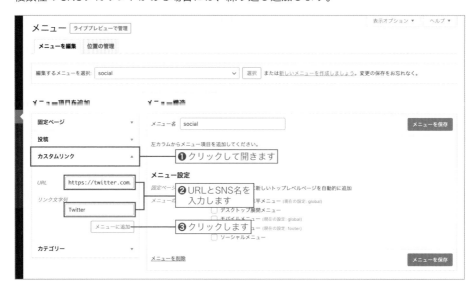

MEMO ///

自身のSNSアカウントのURLは、各SNSのプロフィールページを開くと確認できます。

④ メニューの位置を設定して保存

「メニューの位置」にある「ソーシャルメニュー」にチェックを入れて「メニューを保存」を
クリックします。

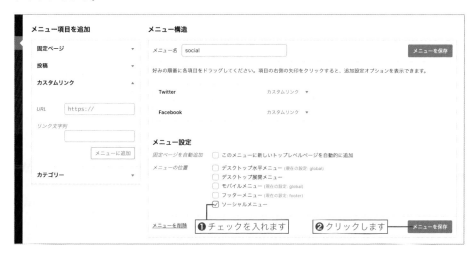

⑤ サイトを確認する

サイトを確認すると、フッター部分に設定したSNSへのリンクがアイコンで表示されてい
ることがわかります。

ウィジェットを使えば自由自在

フッターにウィジェットを設置する

Webサイトの下部であるフッターには、全ページ共通で表示させておきたい情報を掲載します。サンプルサイトではウィジェットを利用して、教室概要、営業カレンダー、アクセスマップを設置しましょう。

フッターってあまり意識して見たことがないのですが、重要なのですか？

フッターは全ページ共通で表示されるので、サイト運営者への連絡先などが掲載されていると親切ですよね。便利なウィジェットの使い方もマスターしちゃいましょう！

ウィジェットとは

「**ウィジェット**」とは、検索フォームや投稿のカテゴリー一覧など、Webサイトの補助的な部品を簡単に設置できる機能のことで、WordPressにはさまざまなウィジェットが用意されています。

ウィジェットを設置できる場所（ウィジェットエリア）はテーマによって異なり、「Primor of WP」テーマではフッター部分の3箇所にウィジェットを設置することができます。

初期状態では右図の6つのウィジェットが設定されていますが、サイトの内容に合わせて変更していきましょう。

図8-2-1 初期状態のウィジェットエリア

図8-2-2 変更後のウィジェットエリア

フッター1を設定する

　　フッターの一番左に表示される「フッター1」に、画像ウィジェットとテキストウィジェットを使って住所や連絡先など、教室の概要を掲載します。

1 カスタマイザーを開く

管理画面の「外観」>「カスタマイズ」を開き、「ウィジェット」をクリックします。

② フッター1を開く

「フッター1」をクリックします。

このとき、画面右側のプレビューを下の方にスクロールし、ウィジェットが確認できるように
しておきましょう。

③ ウィジェットを削除する

あらかじめ設置されているウィジェットを削除します。

「検索」などのウィジェット名をクリックして開き、「削除」をクリックします。他のウィジ
ェットも繰り返し、すべて削除します。

すべて削除すると、右側にあった
ウィジェットが左に寄って表示
されます

④ 画像ウィジェットを追加する

「＋ウィジェットを追加」をクリックし、下のほうにスクロールして「画像」をクリックします。

❶クリックします

❷クリックします

⑤ 画像を設定する

「画像を追加」をクリックし、画像素材の「logo.png」を設定します。タイトルとリンク先は未入力のまま「完了」をクリックします。

⑥ テキストウィジェットを追加する

「＋ウィジェットを追加」をクリックし、「テキスト」をクリックします。

⑦ テキストを入力する

所在地、定休日、営業時間、電話番号をテキストで入力します。タイトルは未入力のまま「完了」をクリックします。

⑧ 保存する

「公開」をクリックして保存します。

フッター2を設定する

フッターの中央に表示される「フッター2」には、『WP Simple Booking Calendar』というプラグインを使って、営業日カレンダーを設置します。

① WP Simple Booking Calendarをインストールする

「プラグイン」＞「新規追加」を開き、「WP Simple Booking Calendar」を検索して「今すぐインストール」をクリックします。

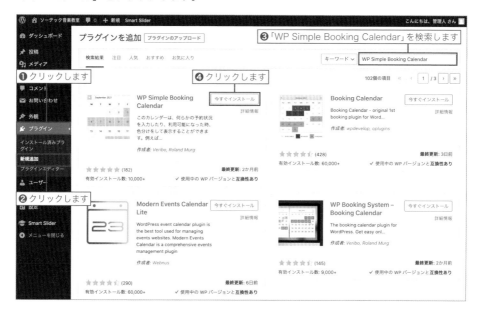

② 有効化する

インストールが完了したら「有効化」をクリックします。

③ カレンダーの言語を日本語にする

有効化すると管理画面のメニューに「WP Simple Booking Calendar」が追加されます。
「WP Simple Booking Calendar」＞「Settings」を開き、「Japanese」にチェックを入れて「Save Settings」をクリックします。

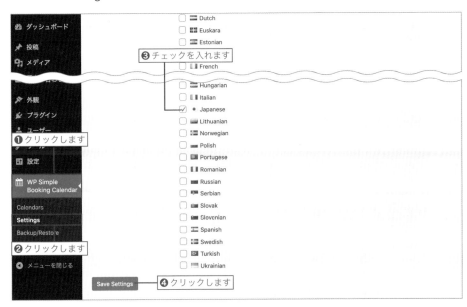

④ 曜日の始まりを変更する

初期設定では月曜始まりのカレンダーが表示されるため、日曜始まりに変更したい場合は「General」タブを開いて「Sunday」を選択し「Save Settings」をクリックします。

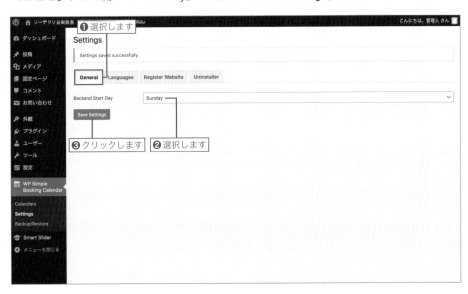

⑤ カレンダーを作成する

「WP Simple Booking Calendar」＞「Calendars」を開き、「Add New Calendar」をクリックします。

⑥ カレンダー名を入力する

「Calendar Name」に「営業カレンダー」と入力し、「Add Calendar」をクリックします。

⑦ 休業日を設定する

カレンダーから休業日を「Booked」に変更して「Save Calendar」をクリックします。

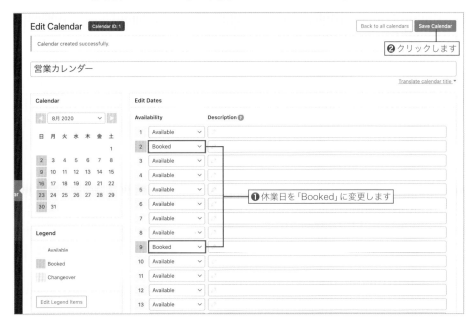

⑧ ウィジェットを設置する

管理画面の「外観」>「カスタマイズ」を開き、「ウィジェット」をクリックして「フッター
2」を開きます。

⑨ ウィジェットを削除する

あらかじめ設置されているウィジェットをすべて削除します。

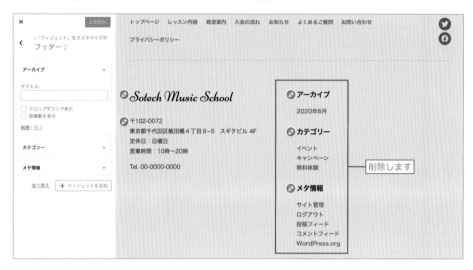

⑩ 画像ウィジェットを追加する

「＋ウィジェットを追加」をクリックし、「WP Simple Booking Calendar」をクリックします。

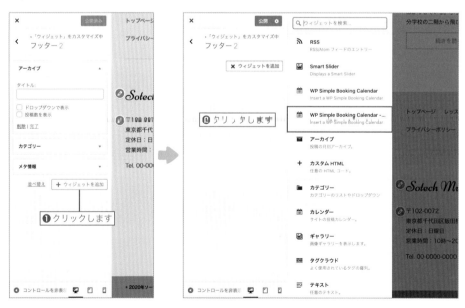

MEMO //

WP Simple Booking Calendar が2つ表示されますが、下のほうを選択してください。

⓫ 設定して保存する

先ほど作成した「営業カレンダー」が選択されていることを確認し、「Display legend」を
No、「Language」を「Japanese」に設定して「公開」をクリックします。

フッター3を設定する

　　フッターの右側に表示される「フッター3」には、カスタムHTMLウィジェットを使って
所在地のGoogleマップを設置します。

❶ Googleマップを開く

別のウインドウでGoogleマップを開き、表示させたい場所を検索します。

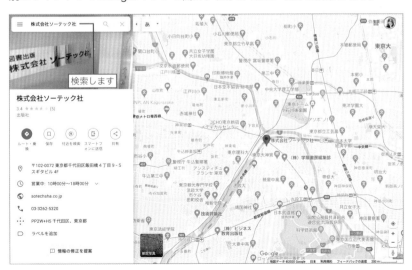

② 埋め込みコードをコピーする

「共有」をクリックし、ポップアップが表示されたら「地図を埋め込む」を選択して「HTML をコピー」をクリックします。

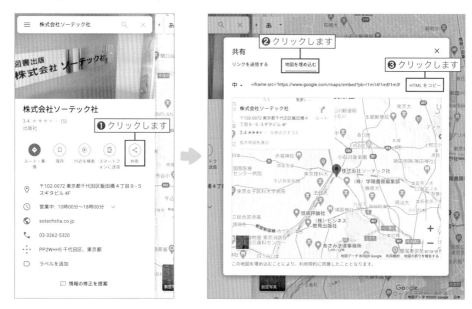

③ フッター3を開く

WordPressの管理画面に戻り、「外観」＞「カスタマイズ」＞「ウィジェット」＞「フッター3」を開きます。

④ カスタムHTMLウィジェットを追加する

「＋ウィジェットを追加」をクリックし、「カスタムHTML」をクリックします。

⑤ コードを貼り付ける

タイトルに「アクセスマップ」と入力し、内容には手順❷でコピーしたHTMLコードをペーストします。

⑥ 保存して確認する

「公開」をクリックしてサイトを確認します。

3つのウィジェットエリアに設定した内容が表示され、Webサイトがひととおり完成しました。

MEMO

1つのウィジェットエリアに複数のウィジェットを設置することも可能です。

Lesson 8-3

できることを知って活用しよう

ウィジェットの種類を知ろう

WordPressにあらかじめ用意されているウィジェットの種類を知り、必要に応じて活用しましょう。

ウィジェットがとても便利だということがわかりました！他にはどんなウィジェットがあるのですか？

ここではウィジェットの種類とその機能を紹介しますね。ウィジェットは設置も削除も簡単なので、いろいろ試してみてください！

ウィジェットの種類を確認する

Lesson 8-2ではカスタマイザーで表示をプレビューしながらウィジェットを設置しましたが、「外観」＞「ウィジェット」からもウィジェットの操作を行うことができます。

「外観」＞「ウィジェット」を開いてウィジェットの一覧を見てみましょう。「Smart Slider」や「WP Simple Calendar」はプラグインによって追加されたウィジェットですが、それ以外はWordPressの基本的なウィジェットとなります。

❶RSS

外部サイトやブログのRSSフィード（更新情報）を表示させます。

Webサイトとは別にアメブロなどの外部ブログサービスを利用してるとき、その新着を表示させるためによく利用されます。

❷アーカイブ

過去の投稿を年月別で表示させるためのリンクを表示させます。

❸カスタムHTML

HTMLの知識がある場合は、任意のHTMLを入力し表示させることができます。

Googleマップなどの埋め込みコードを設置する場合にも利用します。

❹カテゴリー

投稿のカテゴリーリストを表示させます。

❺カレンダー

投稿があった日をカレンダー形式で表示させます。

❻ギャラリー

複数の画像をギャラリー形式で表示させます。

❼タグクラウド

投稿に使われているタグを表示させます。

❽テキスト

任意のテキストを入力し、表示させることができます。

テキストは太字にしたりリンクを貼ることもできます。

⑨ナビゲーションメニュー

Lesson 8-1 で解説したメニュー機能を使って、ウィジェットエリアにナビゲーションメニューを表示させることができます。

⑩メタ情報

管理画面へのリンクやサイトのRSSフィードリンクなど、Webサイトの補助的なリンクを表示させます。

⑪動画

動画ファイルまたはYouTubeなどの動画を表示させます。

⑫固定ページ

Webサイト内の固定ページ一覧を表示させます。

⑬最近のコメント

コメント機能を利用している場合、最近投稿されたコメントを表示させます。

⑭最近の投稿

最近の投稿を表示させます。

⑮検索

検索フォームを表示させます。

⑯画像

画像を表示させます。

画像にはリンクを設定することも可能なので、リンクバナーとしても利用できます。

⑰音声

音声ファイルをアップロードすると、音声プレイヤーを表示させることができます。

Chapter 9

Webサイト運用の知識を
身につけよう

Webサイトが完成したら、安全に運用す
るための設定と、訪問者を増やすための設
定を行いましょう。

Lesson 9-1

安全なWebサイトの証明

SSLを設定しよう

訪問者が安心してWebサイトを閲覧できるよう、Webサイトを常時SSL化しましょう。

Webサイトは完成してからの運用がとても大切です。まずは、SSLの重要性と設定方法を解説しますね。

SSLってなんとなく聞いたことがある程度だったので、なぜ必要なのかを教えてもらえると嬉しいです!

SSLの重要性

「SSL」とは、Webサイト（Webサーバー）と閲覧ユーザーのコンピューター間でやりとりされる通信データを暗号化し、第三者に盗み見されることを防ぐためのしくみです。

以前は、ショッピングサイトのカートなど個人情報を送信するページではSSL化が必須でしたが、2018年の中頃からはGoogleがすべてのWebサイトの常時SSL化を推奨し始め、Web全体のSSL化が進みました。

SSL化されているページはURLが「**https://**」からはじまり、ブラウザのアドレスバーに安全を意味する鍵マークが表示されます。一方、SSL化されていないページはURLが「**http://**」から始まり、多くのWebブラウザでは警告が表示されるようになっています。

このため、訪問者に安心してWebサイトを閲覧してもらえるよう、SSL化をしておいたほうが望ましいのです。

また、SSL化されているWebサイトはGoogleから信頼できるWebサイトとして評価されるため、検索順位にも影響する要素のひとつとなります。

SSL化されたWebサイト

SSL化されていないWebサイト

SSL化の前に確認すること

　SSL化を行う前に、独自ドメインでSSLが利用可能な状態になっているか、必ず確認をしましょう。

　確認方法は、Webブラウザで「https://ドメイン名」を開き、Webサイトが正常に表示されればSSLが利用できる状態にあります。

　「このサイトは安全に接続できません」などの警告メッセージが表示される場合は、SSLが利用できない状態にあります。レンタルサーバーのSSL設定を確認し、使用するドメインにSSLが設定されているか確認しましょう。

プラグインを使ってWordPressサイトをSSL化する

SSLを正しく利用するためには、Webサーバー側の設定だけでなくWordPressにもSSLの設定を行う必要があります。

本来SSLの設定には専門的な知識が必要ですが、『Really Simple SSL』というプラグインを使うことで簡単に行うことができます。

1 Really Simple SSLをインストールする

「プラグイン」＞「新規追加」を開き、「Really Simple SSL」を検索して「今すぐインストール」をクリックします。

2 有効化する

インストールが完了したら、「有効化」をクリックします。

③ SSLを有効化する

「SSLに移行する準備がほぼ完了しました。」というメッセージが表示されたら、「はい、SSL
を有効化します。」をクリックします。

④ 再度ログインする

WordPressへのログイン画面が表示されたら再度ログインします。
以上でWordPressサイトのSSL化は完了です。

Lesson 9-2

もしものときの備えが大事

Webサイトの
バックアップを取ろう

Webサーバーやデータベースに障害が起きた場合、大切なWebサイトのデータをすべて失ってしまう恐れがあります。こうした万が一に備えて、定期的にバックアップを取りましょう。

せっかく作ったWebサイトがすべて消えてしまうなんて、考えただけでもゾッとします…。

プラグインを利用すれば数クリックでWebサイトまるごとバックアップを取ることができます。こまめに取っておくと、もしものときに役立ちますよ。

バックアップとは

　　バックアップとは、何か問題が起きたときにデータを復旧できるよう、あらかじめデータのコピーを作成して保存することを言います。

　　バックアップファイルの保存場所は、自分のパソコン上だけでなく、安全性の高いオンラインストレージサービスなどに分散しておくと、さらに安心です。

「All-in-One WP Migration」を利用して
バックアップを取る

　　WordPressで作成した投稿や設定情報はデータベースとして保存され、本体・テーマ・プラグイン・画像などはファイルとして保存されています。このため、手動でバックアップを取るにはサーバーの知識が必要となり、手間もかかります。そこで、Webサイトをまるごと簡単にバックアップできる『All-in-One WP Migration』というプラグインを利用して、バックアップを取得しましょう。

① All-in-One WP Migrationをインストールする

「プラグイン」＞「新規追加」を開き、「All-in-One WP Migration」を検索して「今すぐインストール」をクリックします。

② 有効化する

インストールが完了したら、「有効化」をクリックします。

③ エクスポートを開く

有効化すると管理画面のメニューに「All-in-One WP Migration」が追加されます。
「All-in-One WP Migration」＞「エクスポート」を開きます。

④ ファイルを選択する

「エクスポート先」をクリックして、「ファイル」を選択します。

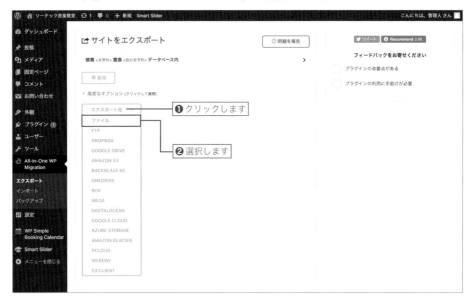

⑤ ダウンロードする

バックアップファイルの準備が完了したら、「○○をダウンロード」をクリックして、パソコンの任意の場所に保存しましょう。

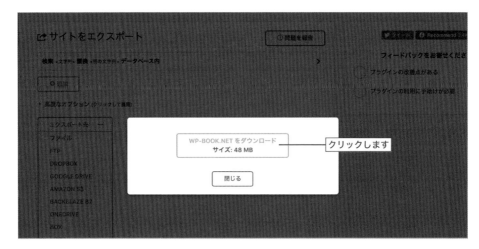

管理画面からバックアップを復元する

「All-in-One WP Migration」を利用したバックアップの復元手順は以下のとおりです。

① インポートを開く

「All-in-One WP Migration」>「インポート」を開きます。

② バックアップファイルをアップロードする

バックアップファイルをドラッグ＆ドロップするか、「インポート元」から「ファイル」を選択してアップロードします。

③ インポートを開始する

インポートの準備が完了したら、「開始>」をクリックします。

④ 完了する

「サイトをインポートしました」というメッセージが表示されたら、「完了>」をクリックします。

⑤ パーマリンクを更新する

最後に「設定」>「パーマリンク設定」を開き、内容は変更しないで「変更を保存」をクリックします。

MEMO //

All-in-One WP Migrationのインポート機能を利用すると、サーバー移転の際のデータ移行などもスムーズに行うことができます。

バックアップファイルが50MBを超える場合

　バックアップファイルが50MBを超える場合には、復元するために別途プラグインを追加する必要があります。512MBまでは無料で利用できるので、以下の手順で追加しておくとよいでしょう。

1 インポートを開く

「All-in-One WP Migration」>「インポート」を開き、「無制限版の購入」をクリックします。

2 無料版をダウンロードする

Basic の「Download」をクリックして、パソコン上にダウンロードします。

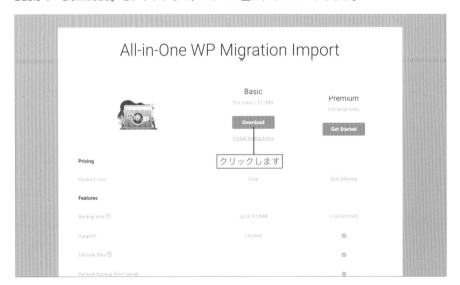

次ページへつづく

Chapter 9

Webサイト運用の知識を身につけよう

③ プラグインを追加する

WordPress の管理画面に戻り、「プラグイン」>「新規追加」を開いて「プラグインのアップロード」をクリックします。

④ プラグインをアップロードする

「ファイルを選択」をクリックして、手順② でダウンロードしたファイル「all-in-one-wp-migration-file-extension.zip」をそのままアップロードします。

次ページへつづく

5 インストールする

「今すぐインストール」をクリックします。

6 有効化する

「プラグインを有効化」をクリックします。

7 確認する

「All-in-One WP Migration」＞「インポート」を開くと「Maximum upload file size: 512 MB」
と表示が変わり、最大512MBまでバックアップファイルを復元できるようになります。

被害に遭わないために

セキュリティ対策をしよう

WordPressで作られたサイトに限らず、自分のWebサイトは自分で守らなければなりません。ソフトウェアの脆弱性を悪用されたり、不正ログインによるサイト改ざんなどの被害に遭わないためにも、基本的なセキュリティ対策をしっかり行いましょう。

小規模なWebサイトでも、外部からの攻撃を受ける可能性はあるのですか？

WordPressはユーザー数が多いため、狙われやすい側面も持っています。サイトの規模に関わらず被害に遭う可能性があるので、対策は欠かせません！

WordPress本体、プラグイン、テーマは
最新バージョンを利用する

WordPressの本体、テーマ、プラグインを古いバージョンのまま使用し続けていると、脆弱性を突いた攻撃に遭いやすくなります。機能面だけでなく、セキュリティの観点からも、こまめにアップデートして常に新しいバージョンを使用しましょう。

アップデートがある場合は、自分でひとつひとつチェックしなくても管理画面から通知してくれる便利な機能があります。

更新をチェックする

本体、テーマ、プラグインともにアップデートがあった場合には、ツールバーに更新アイコンが表示されます。これをクリックすると、「WordPressの更新」ページが表示されます。内容を確認して、必要な更新を行いましょう。

「ダッシュボード」＞「更新」を開いても同様に確認できます。

MEMO //

WordPress本体やプラグインなどをバージョンアップする前には、必ずWebサイトのバックアップを取るようにしましょう。

WordPress本体の自動バックグラウンド更新機能

WordPress本体にマイナーアップデートがあった場合には、「自動バックグラウンド更新機能」によって自動的にファイルの更新が行われます。自動更新は順次行われるため、リリースされてから時間がかかる場合があります。すぐに更新を行いたい場合は、管理画面の「ダッシュボード」＞「更新」から手動で更新してもかまいません。

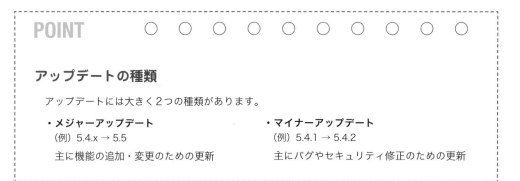

POINT ○ ○ ○ ○ ○ ○ ○ ○ ○ ○

アップデートの種類

アップデートには大きく2つの種類があります。

・**メジャーアップデート**
（例）5.4.x → 5.5
主に機能の追加・変更のための更新

・**マイナーアップデート**
（例）5.4.1 → 5.4.2
主にバグやセキュリティ修正のための更新

プラグインの自動更新機能

インストール済みのプラグインやテーマにアップデートがあった場合、自動更新してくれる便利な機能もあります。

ただし、テーマやプラグインによっては更新によって仕様が変わってしまい、Webサイトの表示に影響が出るケースもあるため、使用には注意が必要です。

テーマの詳細を開くと自動更新を有効化できます

ログインパスワードを強化する

　WordPressの管理画面に不正ログインをされると、Webサイトの内容が改ざんされたり、Webサイト内に悪意のあるコードが仕掛けられ、訪問者まで被害を受けてしまう可能性があります。

　このため、不正ログインを防ぐ基本的な対策としてパスワードを強化しましょう。

1 プロフィール画面を開く

「ユーザー」＞「プロフィール」を開きます。

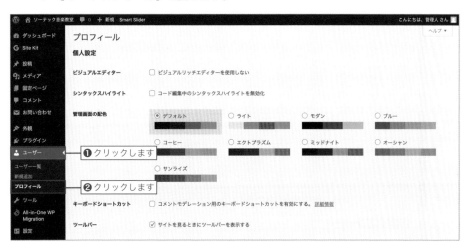

❶ クリックします

❷ クリックします

② パスワードを生成する

「パスワードを生成する」をクリックします。

③ パスワードを更新する

強力なパスワードが自動生成されるので、コピーして控えてから「プロフィールを更新」を
クリックします。

MEMO ///

次回のログインから新しいパスワードを使用します。

ログイン試行を制限する

　ユーザー名とパスワードの入力をログインできるまで試行を繰り返す、ブルートフォース攻撃（Brute Force Attack）と呼ばれる攻撃があります。これを防ぐには、パスワードの強化だけでなく、『Limit Login Attempts Reloaded』というプラグインを利用してログイン試行回数を制限し、さらに安全性を高めましょう。

MEMO //

　エックスサーバーを利用の場合は、あらかじめログイン試行回数を制限する機能がサーバー側で設定されているため、プラグインのインストールは必要ありません。

❶ Limit Login Attempts Reloadedをインストールする

「プラグイン」＞「新規追加」を開き、「Limit Login Attempts Reloaded」を検索して「今すぐインストール」をクリックします。

❷ 有効化する

インストールが完了したら、「有効化」をクリックします。

❸ 設定する

「Limit Login Attempts Reloaded」は、設定を行わなくても有効化するだけで機能しますが、「設定」＞「Limit Login Attempts」＞「Settings」から設定を変更することが可能です。

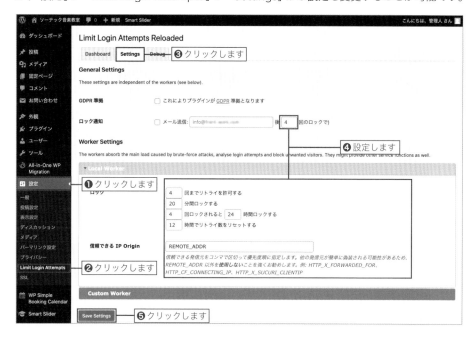

ユーザーの権限グループを設定する

WordPressには、複数人でWebサイトを管理するためのユーザーアカウントを追加できる機能があり、ユーザーによって操作できる範囲を制限することが可能です。

スタッフブログなど、複数人で投稿などを行う際には、各人にユーザーアカウントを作成しましょう。

ユーザーアカウントを追加するには、「ユーザー」＞「新規追加」を開き、「ユーザー名」「メール」「パスワード」を入力し、「権限グループ」を選択して「新規ユーザーを追加」をクリックします。

表9-3-1 権限グループと操作可能な範囲

権限グループ	操作可能な範囲
購読者	公開されている投稿や固定ページを閲覧可能（会員制サイトなど、サイト全体を一般非公開にしている場合などに利用）
寄稿者	投稿の執筆、自分が執筆した投稿の編集（公開権限やアップロード権限はなし）
投稿者	投稿の執筆、写真のアップロード、自分が執筆した投稿の編集と公開が可能
編集者	すべての投稿、固定ページ、カテゴリー、タグ、コメントの操作が可能
管理者	すべての操作が可能

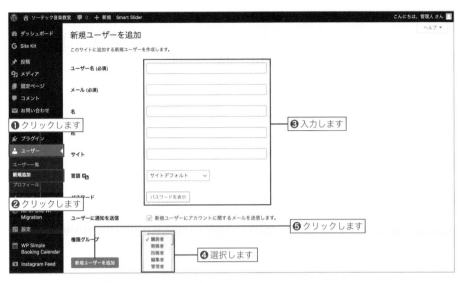

サイトヘルスをチェックする

WordPress本体には、現在のWebサイトの状態をチェックして改善すべき点を知らせてくれる「サイトヘルス」という機能があります。

「ツール」>「サイトヘルス」を開くと内容を確認でき、「良好」が表示されていれば問題ありません。「致命的な問題」が表示される場合は、改善の必要があるため対策を行いましょう。

パソコンのセキュリティ対策も万全に

セキュリティ対策が必要なのはWebサーバーだけではありません。使用しているパソコンがスパイウェアなどに感染している場合は、Webサーバーへの接続情報やWordPressへのログイン情報などが盗みとられてしまう可能性もあります。

使用するパソコンにセキュリティソフトを導入したり、Webブラウザは最新版のものを使用するなどの対策を行いましょう。

Google公式のプラグインを使って

アクセス解析を設置しよう

アクセス解析を設置することで、Webサイトへのアクセス状況を把握することができます。WordPressの管理画面上でアクセス解析を閲覧できる設定をしましょう。

自分のWebサイトへのアクセス数がわかると、モチベーションもアップしそうです！

アクセス解析を設置すれば、ページごとのアクセス数もわかります。人気のあるページを分析して、さらなるアクセスアップに役立てることもできます！

Site Kit by Google を利用する

WordPressにアクセス解析を設置する方法はいくつかありますが、Googleが提供している『Site Kit by Google』というプラグインを利用して、代表的なアクセス解析サービスである「Googleアナリティクス」を導入しましょう。

手順は多いですが、クリックしていくだけで完了します。

MEMO //

Lesson 3-2で「検索エンジンがサイトをインデックスしないようにする」にチェックを入れた場合は、Webサイト完成後に必ずチェックを外しましょう。

POINT   ○ ○ ○ ○ ○ ○ ○ ○ ○ ○

Googleアカウントを用意する

Site Kit by Googleを利用するにはGoogleアカウント（Gmailアドレス）が必要となります。Googleアカウントを持っていない場合は、あらかじめ作成しておきましょう。

https://accounts.google.com/signup

Chapter 9

Webサイト運用の知識を身につけよう

① Site Kit by Google をインストールする

「プラグイン」>「新規追加」を開き、「Google Site Kit」と検索して「今すぐインストール」
をクリックします。

② 有効化する

インストールが完了したら「有効化」をクリックします。

③ セットアップを始める

有効化すると管理画面の上部に Site Kitのメッセージが表示されるので「START SETUP」
をクリックします。

④ Googleでログイン

「Googleでログイン」をクリックします。

⑤ アカウントを選択する

Site Kitと連携するGoogleアカウントをクリックします。

6 許可をクリック

Search Consoleへの権限の付与について確認されるメッセージが表示されたら「許可」を
クリックします。

> **MEMO** //
>
> Search Console（サーチコンソール）とは、Google検索で自分のWebサイトがどのよ
> うに検索されているかを確認できるサービスです。どんなキーワードで検索され流入して
> いるのかを知ることができ、検索エンジン対策としても活用できます。

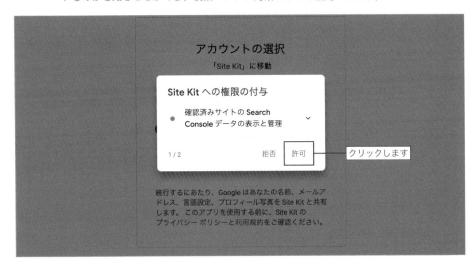

7 許可をクリック

サイトとドメインへの権限の付与について確認されるメッセージが表示されたら「許可」を
クリックします。

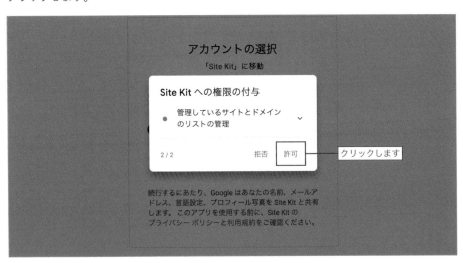

Lesson 9-4　アクセス解析を設置しよう

8 許可をクリック

Site Kitとの連携内容を確認して「許可」をクリックします。

9 続行をクリック

サイトの所有権を確認するため「続行」をクリックします。

Chapter 9

Webサイト運用の知識を身につけよう

⑩ 許可をクリック

データへのアクセスを許可するため「許可」をクリックします。

⑪ サイトを追加をクリック

Search Consoleにサイトを追加するため「サイトを追加」をクリックします。

⑫ WordPressに戻る

Site Kitとの連携が完了したら、WordPressの管理画面に戻るため「ダッシュボードに移動」
をクリックします。

⑬ Googleアナリティクスを設定する

次に、Googleアナリティクスと連携するため、アナリティクスの「Connect Service」を
クリックします。

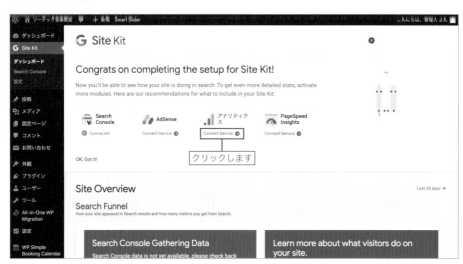

⑭ CREATE ACCOUNTをクリック

Googleアナリティクスのアカウントを作成するため「CREATE ACCOUNT」をクリックします。

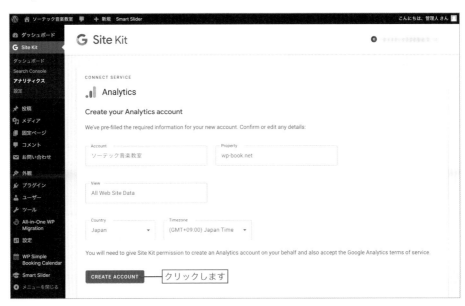

⑮ アカウントを選択する

連携するGoogleアカウントをクリックします。

⑯ 許可をクリック

Googleアナリティクスのアカウント作成について確認されるメッセージが表示されたら「許可」をクリックします。

⑰ 許可をクリック

Site Kitとの連携内容を確認して「許可」をクリックします。

MEMO //

許可をクリックしたあとエラーメッセージが表示される場合は、WordPressの管理画面に戻り、1時間ほど経ってから「Site Kit」＞「アナリティクス」＞「CREATE ACCOUNT」をクリックしてください。

🔞 利用規約に同意する

Google アナリティクスの利用規約が表示されたら居住国から「日本」を選択し、すべてに
チェックを入れ「同意する」をクリックします。

⑲ WordPressに戻る

WordPressの管理画面に戻るため「Go to my Dashboard」をクリックします。

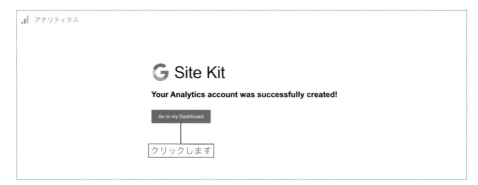

⑳ 完了

アナリティクスに「Connected」と表示されていれば、Googleアナリティクスの設置が無事完了となります。

TIPS ○ ○ ○ ○ ○ ○ ○ ○ ○ ○

検索エンジンにインデックスされる状態にする

Webサイトが検索エンジンに登録されなければ、GoogleアナリティクスやSearch Consoleで正しくデータを取得することができません。

Lesson 3-2で「検索エンジンがサイトをインデックスしないようにする」にチェックを入れた場合は、Webサイトの完成後に必ず外して「変更を保存」をクリックしましょう。

Site Kitでデータを見る

　Site Kitでアクセスデータを確認するには「Site Kit」>「ダッシュボード」を開きましょう。

　画面右上の「Last ○○ days」をクリックすると、過去7日分〜90日分までのアクセスデータを表示させることができます。

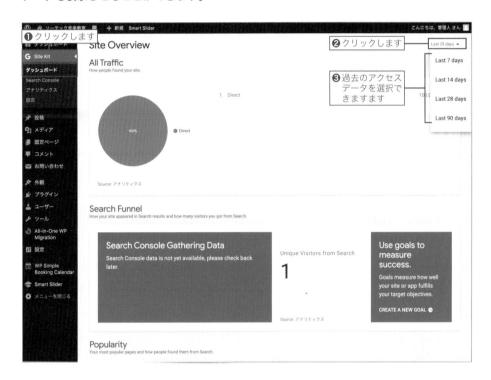

MEMO //

　Webサイトの公開直後や、Site Kitを設置してすぐにはデータは表示されません。数日経ってから確認しましょう。

POINT　○　○　○　○　○　○　○　○　○　○

詳しいデータを取得するには

より詳しいデータは、GoogleアナリティクスやSearch Consoleのサイトを開くと確認できます。

・Googleアナリティクス ▶ https://analytics.google.com/
・Search Console ▶ https://search.google.com/search-console/

SNSと連携しよう

FacebookやTwitterなどのソーシャルメディアを積極的に活用して、Webサイトへの流入を増やしたり、訪問者とのコミュニケーションを図りましょう。

SNSを利用してWebサイトのアクセスアップにつなげたいのですが、よい方法はありますか？

Webサイトにシェアボタンを設置して情報を拡散しやすくしたり、自分のSNSアカウントを埋め込んでフォロワーを増やす工夫をしましょう！

投稿ページにシェアボタンを設置する

投稿ページにSNSへシェアできるボタンが設置されていると、Webサイトへの訪問者が手軽に記事をシェアすることができます。

また、自身のアカウントでシェアする際にも便利なため、ぜひ設置しておきましょう。

① AddToAny Share Buttonsをインストールする

「プラグイン」>「新規追加」を開き、「AddToAny Share Buttons」を検索して「今すぐインストール」をクリックします。

② 有効化する

インストールが完了したら、「有効化」をクリックします。

③ サイトを確認する

サイトを確認すると、各ページのコンテンツ下部にシェアボタンが表示されているのが確認できます。

④ 設定画面を開く

ボタンの表示や種類を設定するため、管理画面の「設定」＞「AddToAny」を開きます。SNS
の種類を追加したいので「Share Buttons」から「サービスの追加 / 削除」をクリックしま
す。

⑤ ボタンを追加する

設置できるSNSの種類が表示されるので、設置したいボタンをクリックします。ここでは、
日本国内のユーザー数が多いLINEを選択します。

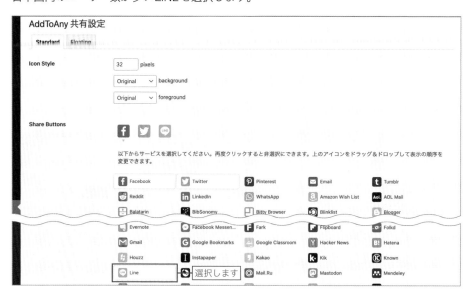

6 ボタンを削除する

初期状態ではFacebook、Twitter、Emailのシェアボタンが設定されていますが、外したい場合は設定済みのボタンをクリックします。ここでは、Emailをクリックして外します。

7 ユニバーサルボタンを設定する

➕ボタンをクリックすると、他のSNSへシェアできるボタンが表示される仕組みになっています。
これを非表示にするには、「ユニバーサルボタン」の下にある ▾ をクリックして「なし」を選択します。

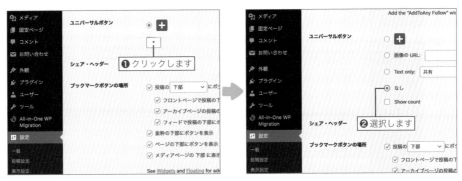

⑧ 表示場所を設定する

シェアボタンの表示場所を設定するには「ブックマークボタンの場所」から表示させたい箇所のみにチェックを入れます。

ここでは、投稿ページのみに表示させるため「投稿の下部にボタンを表示」以外のチェックを外します。

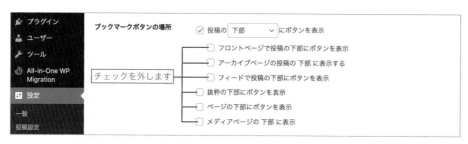

MEMO ///

投稿の上部や、上下にボタンを設置することも可能です。

⑨ 保存する

「変更を保存」をクリックして保存します。

⑩ サイトを確認する

サイトを確認すると、トップページや固定ページにはシェアボタンが表示されず、投稿ページのみにシェアボタンが表示されているのが確認できます。

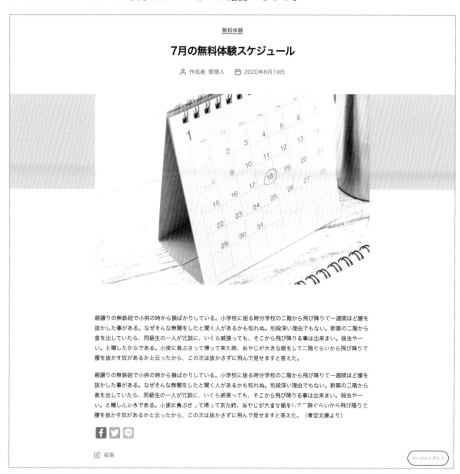

SNSのタイムラインを埋め込む

SNSのタイムライン（＝投稿）をWebサイトに表示させることで、SNSでの情報発信状況を知らせることができ、フォロワーの獲得が期待できます。

ここでは、Twitter、Facebookページ、Instagram、それぞれのタイムラインの埋め込み方を紹介します。

Twitterのタイムラインを埋め込む

Twitterのタイムラインは、WordPressの埋め込みブロックで簡単に表示させることができます。

① TwitterのURLをコピーする

Webサイトに埋め込みたいTwitterアカウントのプロフィールページを開き、URLをコピーします。

② トップページの編集画面を開く

管理画面の「固定ページ」＞「固定ページ一覧」から「トップページ」をクリックして編集画面を開きます。

MEMO //

ここではトップページに埋め込み表示させますが、任意のページでかまいません。

③ Twitterブロックを追加する

➕をクリックして Twitter ブロックを追加します。

④ URLを貼り付けて埋め込む

手順❶でコピーした URL を貼り付けて「埋め込み」をクリックします。

⑤ 更新して確認

「更新」をクリックしてトップページを確認しましょう。

Twitterのタイムラインが表示されていることが確認できます。

❶クリックします

❷Twitterのタイムライン
　が表示されます

Webサイト運用の知識を身につけよう

MEMO

レイアウトなどはブロックエディターで適宜調整してください。

Facebookページのタイムラインを埋め込む

　Facebookページのタイムラインは、Facebookが提供する「ページプラグイン」という
ツールを利用して埋め込みます。

MEMO //

　　　Facebookの個人アカウントのタイムラインは、Webサイトに埋め込むことができません。

1 ページプラグインを開く

ブラウザの別のタブで以下のURLからページプラグインのページを開きます。

URL　**https://developers.facebook.com/docs/plugins/page-plugin**

❷ URLや表示を設定する

Facebookページの URL を入力し、幅や高さなどの表示設定を行い「コードを取得」をクリックします。

❶ Facebookページの URL を入力します

❷ 表示の設定をします

❸ クリックします

❸ 2つのコードをコピーする

Step 1 と Step 2 の2つのコードをコピーします。

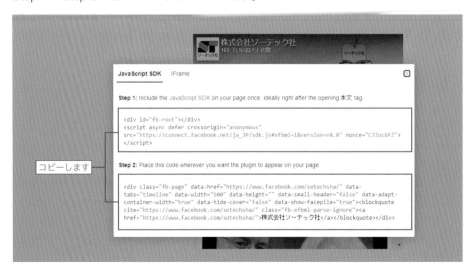

コピーします

④ トップページの編集画面を開く

管理画面の「固定ページ一覧」から「トップページ」をクリックして編集画面を開きます。

⑤ HTMLブロックを追加

➕ をクリックして、カスタム HTML ブロックを追加します。

6 コードを貼り付ける

手順❸でコピーしたコードを、Step 1、Step 2の順に貼り付けます。

7 更新して確認

「更新」をクリックします。トップページを確認してみましょう。

Facebookページのタイムラインが表示されていることが確認できます。

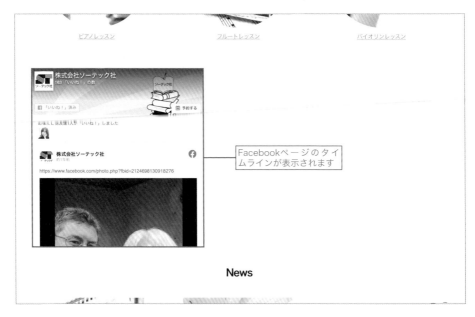

MEMO ///

レイアウトなどはブロックエディターで適宜調整してください。

Instagramのタイムラインを埋め込む

Instagramのタイムラインは、『Smash Balloon Social Photo Feed』というプラグインを利用して埋め込みます。

① Webブラウザでlnstagramにログインする

WordPressとInstagramを接続させるためには、あらかじめInstagramにログインしておく必要があります。
Webブラウザで以下のURLを開き、Instagramにログインしてください。ログインが完了したら閉じてもかまいません。

URL　**https://www.instagram.com/**

② Smash Balloon Social Photo Feedをインストールする

「プラグイン」>「新規追加」を開き、「Smash Balloon Social Photo Feed」を検索して「今すぐインストール」をクリックします。

③ 有効化する

インストールが完了したら、「有効化」をクリックします。

④ エクスポートを開く

有効化すると管理画面のメニューに「Instagram Feed」が追加されます。
「Instagram Feed」>「Settings」を開きます。

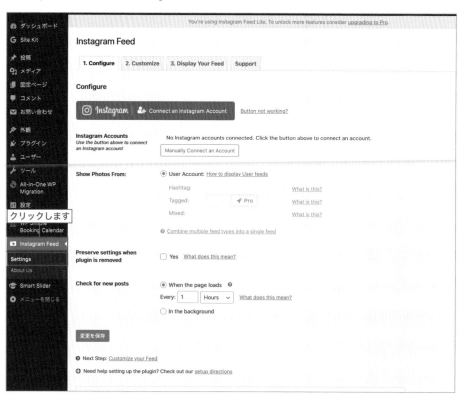

⑤ Instagramを接続する

Instagramアカウントに接続するため「Connect an Instagram Account」をクリックして、ポップアップが表示されたら「Connect」をクリックします。

⑥ Continueをクリック

承認リクエスト画面が表示されたら、「Continue」をクリックします。

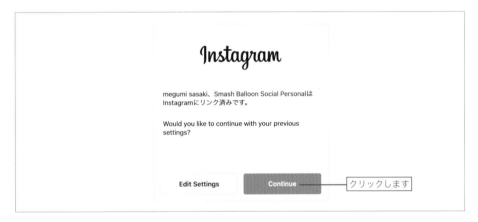

⑦ Connnect This Accountをクリック

WordPressの管理画面に戻ってきたら、接続するアカウント名を確認して「Connnect This Account」をクリックします。

⑧ 保存する

「変更を保存」をクリックして保存します。

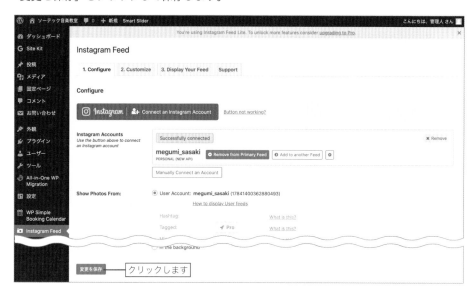

⑨ 表示数を設定をする

表示数を設定をするため、「2. Customize」タブをクリックして「Number of Photos」を8に変更し、「変更を保存」をクリックします。

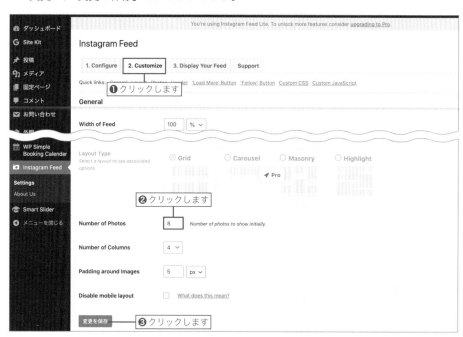

⑩ トップページの編集画面を開く

管理画面の「固定ページ」>「固定ページ一覧」から「トップページ」をクリックして編集画面を開きます。

⑪ Instagram Feedブロックを追加

➕をクリックしてInstagram Feed ブロックを追加します。

⑫ 更新して確認

「更新」をクリックしてトップページを確認しましょう。

Instagram のタイムラインが表示されていることが確認できます。

MEMO //

タイムラインのプレビューが表示されるまでに時間がかかる場合があります。

Chapter 10

本書付属テーマの応用例

本書付属のテーマを利用した、企業や飲食店、クリエイターのWebサイトの作成例を紹介します。

工夫次第で応用可能

付属のテーマを活用しよう

ここまで、**本書付属のテーマ「Primer of WP」を使って音楽教室のWebサ**イトを作成してきましたが、同じテーマを利用した別サイトの作成例を紹介します。

サンプルサイトのとおり作成できるようにはなりましたが、いざ自分のWebサイトを作ろうとしたら、なかなか思うようにいきません…。

本節では、サンプルサイトと同じテーマを利用したWebサイトの作成例を3つ紹介します。配色や構成を変えるだけで、それぞれの業種にあった雰囲気になることがわかると思います。アイデアのヒントとして、参考にしてください！

3つの作成例を紹介します

どんなに優れたテーマ（テンプレート）であっても、既成品である以上、100％思いどおりのWebサイトを作るのは難しいことです。慣れるまでは、どのように応用したらよいのか……イメージも描きにくいかもしれません。

そこで、サンプルサイトと同じテーマを利用した異なるタイプのWebサイトの作成例を3つ紹介していきます。WordPressの機能やブロックエディターを活用し、配色やレイアウトを工夫すると、同じテーマでも異なる雰囲気のデザインを実現できることがわかり、イメージが膨らむでしょう。

企業のWebサイト例

電気工事会社の Web サイトを例にした、オーソドックスなデザインの作成例です。
詳しくは Lesson 10-2 で解説します。

URL　https://wp-book.net/sample02/

飲食店のWebサイト例

カフェのWebサイトを例にした、ぬくもりのあるデザインの作成例です。

詳しくはLesson 10-3で解説します。

URL

https://wp-book.net/sample03/

本書付属テーマの応用例

クリエイターのWebサイト例

フォトグラファーのWebサイトを例にした、スタイリッシュなデザインの作成例です。詳しくはLesson 10-4で解説します。

URL
https://wp-book.net/
sample04/

MEMO //

いずれの作成例も、サイト構成、主な共通設定、トップページの組み立てのみを紹介します。具体的な操作方法は、Chapter 3〜Chapter 8を参照してください。

COLUMN ○ ○ ○ ○ ○ ○ ○ ○ ○ ○

同じドメイン内に複数のサイトを作るには

　WordPressは基本的に、1つのWebサイトを作るために設計されています。

　1つのWordPressで複数のサイトを作る「マルチサイト」という機能もありますが、これを利用するにはプログラムファイルを編集したり、専門的な知識が必要となるため、初心者にはおすすめできません。

　そこで、複数のサイトを作成するにはLesson 2-3と同様にWordPressを追加インストールするのですが、このとき、手順❺「インストールの設定」（44ページ参照）でサイトURLに任意のディレクトリ名を入力します。

例）
1つめのサイト（ドメイン直下にインストール）
URL：https://wp-book.net/
2つめのサイト（sampleディレクトリにインストール）
URL：https://wp-book.net/sample/

MEMO //

パーマリンクのスラッグとディレクトリ名が重複すると不具合が生じるため注意しましょう。
例えば、1つめのサイトに「sample」というスラッグのページがある場合は、2つめのサイトのURLと同じになってしまい、前者のページにアクセスしても後者のページが表示されてしまいます。

COLUMN ○ ○ ○ ○ ○ ○ ○ ○ ○ ○

作ったWebサイトを初期化するには

　1度作ったWebサイトを初期化して、WordPressがインストールされたばかりの状態に戻したいときには『WP Reset』というプラグインを利用すると簡単です。

❶ WP Resetをインストールする

管理画面の「プラグイン」＞「新規追加」を開き、「WP Reset」を検索して「今すぐインストール」をクリックします。

次ページへつづく

③「WP Rest」を検索します

❶クリックします

❷クリックします

④クリックします

② 有効化する

インストールが完了したら、「有効化」をクリックします

クリックします

③ リセット（初期化）する

管理画面の「ツール」>「WP Reset」を開き、ページ下部にある入力枠に「reset」と入力して「Reset Site」をクリックします。

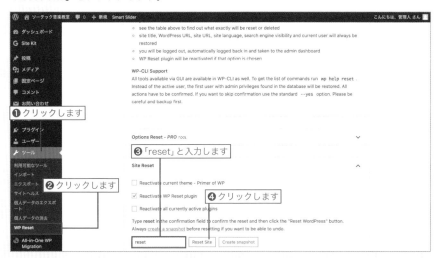

❶クリックします

❷クリックします

③「reset」と入力します

④クリックします

次ページへつづく

④ 最終確認をする

最終確認のメッセージが表示され「Reset WordPress」をクリックすると、数秒でWordPressが初期化されます。

MEMO //

初期化を行うとインストール時の状態に戻りますが、インストール済みのテーマとプラグインは無効化された状態で残ります

Lesson 10-2

企業らしいオーソドックスなデザイン

企業サイトの作成例

電気工事会社のWebサイトを例に、堅い印象のWebサイトに仕上げます。

企業サイトらしく見せるポイントって何でしょうか？

企業サイトの場合は、主に取引先への会社案内として作成するため、信頼感を得られることが何より大切ですよね。そのためには、クリーンなイメージの配色と整ったレイアウトがポイントになります！

サイト構成

ページ名	ページ種類
トップページ	固定ページ
事業内容	固定ページ
電気工事	固定ページ（事業内容の子ページ）
空調設備取付	固定ページ（事業内容の子ページ）
消防点検業務	固定ページ（事業内容の子ページ）
施工事例	固定ページ
会社概要	固定ページ
採用情報	固定ページ
ニュース	投稿一覧ページ
お問い合わせ	固定ページ

ニュースのカテゴリー

・お知らせ
・メディア掲載
・採用情報

主な共通設定

配色

青、白、薄いグレーを基調とし、信頼感のある配色にします。

1 カスタマイザーを開く

管理画面の「外観」>「カスタマイズ」を開き、「色」をクリックします。

2 配色を設定する

配色を以下のとおり設定して、「公開」をクリックします。

背景色	#ffffff
ヘッダーとフッターの背景色	#f5f5f5
メインカラー	カスタマイズ（明るいブルー）

テーマオプション

新着記事や投稿一覧は、テキストのみのリスト型に設定します。

① カスタマイザーを開く

管理画面の「外観」>「カスタマイズ」を開き、「テーマオプション」をクリックします。

② テーマオプションを設定する

「トップページに新着記事を表示（リスト型）」にチェックを入れ、投稿一覧ページの表示は「リスト型」を選択して「公開」をクリックします。

ウィジェット

ウィジェットには、会社情報とFacebookページの埋め込みを表示させます。

1 カスタマイザーを開く

管理画面の「外観」>「カスタマイズ」を開き、「ウィジェット」をクリックします。

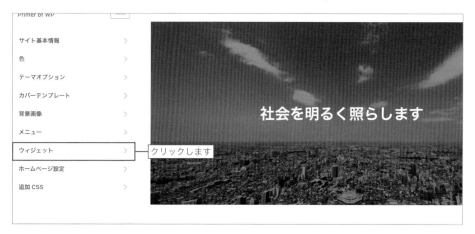

2 ウィジェットを設定する

ウィジェットを以下のとおり設定して「公開」をクリックします。

フッター1	テキストウィジェット（会社情報）
フッター2	カスタムHTMLウィジェット（Facebookページ埋め込み）

MEMO ///

フッター3は使用しません。

トップページの組み立て

❶ カバーブロック

カバーブロックを追加して画像を設定し、タイトルを入力して、配置を「全幅」にします。

❷ 見出し2と段落

見出しブロックと段落ブロックを追加して、それぞれテキストを中央寄せにします。

❸ カラムブロックその1

カラムブロックを追加して「3カラム：均等割」を選択します。

カラムの中には、見出し3、画像、段落ブロックを中央寄せで配置します。

見出し3は背景色をアクセント色、文字色を白に設定します。

画像には各ページへのリンクを設定します。

❹ カラムブロックその2

カラムブロックを追加して「2カラム：均等割」を選択します。

カラムブロックの中にはメディアと文章ブロックを追加して、背景色をアクセント色、文字色を白に設定します。左側にテキストを入力し、右側には画像を配置します。

画像には各ページへのリンクを設定します。

MEMO //

Snow Monkey Blocksを有効化している場合、WordPressデフォルトの「メディアと文章」ブロックが2つ表示されますが、黒いほうのアイコンを選択してください。

図10-2-1 完成図

株式会社サンプルサイト
WordPress入門教室のサンプルサイトです

トップページ　事業内容 ∨　施工事例　会社概要　採用情報　ニュース　お問い合わせ

Q
検索

社会を明るく照らします

事業内容

ダミーテキストダミーテキストダミーテキスト
ダミーテキストダミーテキストダミーテキストダミーテキスト
ダミーテキストダミーテキストダミーテキスト
ダミーテキストダミーテキストダミーテキストダミーテキスト

電気工事　　　　　　　　　空調設備取付　　　　　　　　消防点検業務

ダミーテキストダミーテキストダミーテキストダミー
テキストダミーテキストダミーテキスト

ダミーテキストダミーテキストダミーテキストダミー
テキストダミーテキストダミーテキスト

ダミーテキストダミーテキストダミーテキストダミー
テキストダミーテキストダミーテキスト

会社概要

地域の皆様と共に歩みます。

採用情報

私達と一緒に働きませんか？

News

2020.06.19　採用情報　電気工事士を募集しています。

2020.06.19　メディア情報　○○○新聞に掲載されました。

2020.06.19　お知らせ　○○研修を実施しました。

飲食店サイトの作成例

カフェのWebサイトを例に、温かく落ち着いた印象のWebサイトに仕上げます。

カフェのWebサイトなら、思わず足を運びたくなるようなデザインがいいですね！

そうですね！ 店内の雰囲気が伝わる配色と、シズル感のある動画や画像を大きく配置して、お店の魅力を伝えましょう！

┃サイト構成

ページ名	ページ種類
トップページ	固定ページ
メニュー	固定ページ
ドリンク	固定ページ（メニューの子ページ）
ランチ	固定ページ（メニューの子ページ）
テイクアウト	固定ページ（メニューの子ページ）
店舗情報	固定ページ
アクセス	固定ページ
スタッフブログ	投稿一覧ページ
お問い合わせ	固定ページ
プライバシーポリシー	固定ページ

◪ スタッフブログのカテゴリー

・お知らせ

・イベント

・季節限定メニュー

主な共通設定

配色

淡いベージュとダークブラウンを基調とし、落ち着いた配色にします。

1 カスタマイザーを開く

管理画面の「外観」>「カスタマイズ」を開き、「色」をクリックします。

2 配色を設定する

配色を以下のとおり設定して「公開」をクリックします。

背景色	#f2ecde
ヘッダーとフッターの背景色	#352300
メインカラー	カスタマイズ (橙色)

テーマオプション

新着記事や投稿一覧は、アイキャッチ画像つきのカード型に設定します。

① カスタマイザーを開く

管理画面の「外観」>「カスタマイズ」を開き、「テーマオプション」をクリックします。

② テーマオプションを設定する

「トップページに新着記事を表示（カード型）」にチェックを入れ、投稿一覧ページの表示は「カード型」を選択して「公開」をクリックします。

ウィジェット

ウィジェットには店舗情報とInstagramの埋め込み、Googleマップを表示させます。

1 カスタマイザーを開く

管理画面の「外観」ン「カスタマイズ」を開き、「ウィジェット」をクリックします。

2 ウィジェットを設定する

ウィジェットを以下のとおり設定して「公開」をクリックします。

フッター1	テキストウィジェット（店舗情報）
フッター2	Instagram Feedウィジェット（Instagram埋め込み）
フッター3	カスタムHTMLウィジェット（Googleマップ埋め込み）

飲食店サイトの作成例

トップページの組み立て

❶ Smart Sliderブロック

あらかじめSmart Sliderでスライドショーを作成し、Smart Sliderブロックを追加します。

❷ 見出し2と段落

見出しブロックと段落ブロックを追加して、それぞれテキストを中央寄せにします。

MEMO ///

段落ブロックの文字サイズを「カスタム」で小さめ（12〜14）にすると、繊細な印象に
なります。

③ カラムブロック

カラムブロックを追加して「3カラム：均等割」を選択します。

カラムの中には画像ブロックを配置し、正方形に切り抜いて角丸を適用し、キャプションと各ページへのリンクを設定します。

④ カバーブロック

カバーブロックを追加して動画を設定し、配置を「全幅」にしてオーバーレイの色からサブカラーを選択します。

MEMO //

飲食店や食べ物関係のWebサイトでは、シズル感のある画像や動画を大きく配置すると印象的になります。

図10-3-1 完成図

クリエイターらしいスタイリッシュなデザイン

クリエイターサイトの作成例

フォトグラファーのWebサイトを例に、シンプルでモダンな印象のWebサイトに仕上げます。

クリエイターのWebサイトはかっこいいイメージですが、シンプルなほうがよいのですか？

クリエイターの場合は、作品が主役となって引き立つよう、Webサイト自体はシンプルなデザインにしましょう。部分的にレイアウトをハズして遊びを入れるとおしゃれですよ。

サイト構成

ページ名	ページ種類
トップページ	固定ページ
プロフィール	固定ページ
ギャラリー	固定ページ
料金表	固定ページ
ブログ	投稿一覧ページ
よくあるご質問	固定ページ
お問い合わせ	固定ページ
プライバシーポリシー	固定ページ
お問い合わせ	固定ページ

◪ブログのカテゴリー

- ・活動報告
- ・コラム
- ・日記

Chapter 10

本書付属テーマの応用例

主な共通設定

配色

白とアクセントカラーのみの、スッキリとした配色にします。

① カスタマイザーを開く

管理画面の「外観」＞「カスタマイズ」を開き、「色」をクリックします。

② 配色を設定する

配色を以下のとおり設定して「公開」をクリックします。

背景色	#ffffff
ヘッダーとフッターの背景色	#ffffff
メインカラー	デフォルト

テーマオプション

投稿一覧ページは、アイキャッチ画像つきのカード型に設定します。

1 カスタマイザーを開く

管理画面の「外観」>「カスタマイズ」を開き、「テーマオプション」をクリックします。

2 テーマオプションを設定する

「トップページに新着記事を表示」にはチェックを入れず、投稿一覧ページの表示は「カード型」を選択して「公開」をクリックします。

ウィジェット

ウィジェットは使用しないため、ウィジェットが設置されている場合はすべて削除します。

トップページの組み立て

① スライダーブロック

Snow Monkey Blocksのスライダーブロックを追加し、スライドショーに表示させる画像を設定して、配置を「全幅」にします。

② 見出し2

見出しブロックを追加して、見出しを入力します。

Lesson 10-4 クリエイターサイトの作成例

337

③ 最新の投稿ブロック

最新の投稿ブロックを追加して「グリッド表示」を選択します。

「投稿日を表示」と「アイキャッチ画像を表示」にチェックを入れ、画像サイズは「中」を選択し、画像の位置は「中央揃え」にします。

④ 見出し2

見出しブロックを追加して、見出しを入力します。

⑤ カラムブロック

カラムブロックを追加して「2カラム：2/3、1/3に分割」を選択します。
左のカラムにはギャラリーブロックを追加して画像を設定します。
右のカラムには、画像ブロックとキャプションで簡単なプロフィールを入力し、ボタンブロックでプロフィールページへのリンクを設置します。

❶ カラムブロックを追加します

❷ 画像ブロックを追加します

❸ プロフィールを入力します

❹ ボタンブロックを追加してリンクを設置します

MEMO //

ギャラリーブロックのカラム数は、画像の枚数や右側のカラムに設置する画像の大きさのバランスをみて調整しましょう。

図10-4-1 完成図

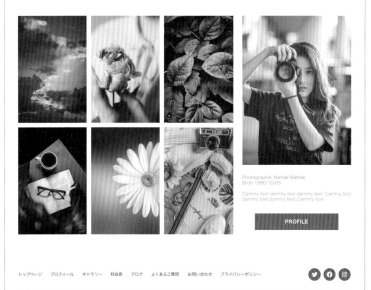

INDEX

著者紹介

佐々木 恵（ささき めぐみ）

フリーランスのWebデザイナー、Webエンジニア。
2002年より独学でWeb制作を学び、ECサイトの制作と運営を経験。2011年からはフリーランスとしてWebの設計、構築、運用サポートまで幅広い業務を行い、企業や公共機関などのWebサイトを多数制作している。
WordPressに関する書籍を中心に、テクニカルライターとしても活動。静岡県在住。

主な著書

『WordPress Perfect GuideBook[5.x対応版]』（ソーテック社）、『魅せるWordPressサイト』（ラトルズ／共著）、『CSSデザインのメソッド』（MdN／共著）、『たった1日で基本が身に付く! WordPress超入門』（技術評論社）

ブログ
https://meglog.net/

●カバー＆本文イラスト　植竹 裕

いちばんやさしい WordPress 入門教室（ワードプレス にゅうもんきょうしつ）

2020年 10月31日　初版　第1刷発行
2022年　8月31日　初版　第5刷発行

著　　　者　　佐々木 恵
装　　　丁　　植竹 裕（UeDESIGN）
発　行　人　　柳澤淳一
編　集　人　　久保田賢二
発　行　所　　株式会社ソーテック社
　　　　　　　〒102-0072　東京都千代田区飯田橋4-9-5　スギタビル4F
　　　　　　　電話（注文専用）03-3262-5320　FAX 03-3262-5326
印　刷　所　　図書印刷株式会社

©2020 Megumi Sasaki
Printed in Japan
ISBN978-4-8007-1265-3

本書のご感想・ご意見・ご指摘は
http://www.sotechsha.co.jp/dokusha/
にて受け付けております。Webサイトでは質問は一切受け付けておりません。